梅江街外广东街，堤岸兴隆夹道回。

烘托羊城蒸海市，自成风气不须猜。

知味

饮食西游记

周松芳——著

生活·讀書·新知 三联书店　生活書店 出版有限公司

图书在版编目（CIP）数据

饮食西游记：晚清民国海外中餐馆的历史与文化 / 周松芳著. -- 北京：生活书店出版有限公司，2021.3
ISBN 978-7-80768-319-3

Ⅰ. ①饮… Ⅱ. ①周… Ⅲ. ①饮食—文化—研究—中国—近现代 Ⅳ. ① TS971.2

中国版本图书馆 CIP 数据核字 (2020) 第 029748 号

责任编辑　刘　笛　郝建良
装帧设计　罗　洪
责任印制　常宁强
出版发行　生活书店出版有限公司
　　　　　（北京市东城区美术馆东街 22 号）
邮　　编　100010
印　　刷　北京隆昌伟业印刷有限公司
版　　次　2021 年 3 月北京第 1 版
　　　　　2021 年 3 月北京第 1 次印刷
开　　本　880 毫米 × 1230 毫米　1/32　印张 8.5
字　　数　163 千字
印　　数　0,001— 5,000 册
定　　价　48.00 元
（印装查询：010-64052612；　邮购查询：010-84010542）

目录

第二章　英国中餐：从水手馆到香港馆

第三章　法国中餐：大陆味，中餐贵

第四章　德国中餐：相对后起，与时沉浮

第五章 欧美行次的中餐馆故事

第六章 旅食异域的滋味

序

胡文辉

松芳这本书，主题是中餐在西方的流传。著书而“为口忙”，一望即知其形而下，学院里的大人先生是不会做的。

不过，至少在中西交通史领域，形而下的问题实际上却异常重要，我以为干脆就可以说，比形而上的问题是更重要的。

近世以前，在形而上的观念领域，中国自西方输入者极多，输出者却极少，也就是说，在高端思想的交流上，中国是明显的“文化赤字”；幸好，在形而下的物质领域，中国的输出似多于输入——凭着丝绸、陶瓷、茶叶，我们才能弥补“文化赤字”，赢回一点天朝上国的面子。及至近世以降，西人倾海掀天而来，在文化交流上，自西徂东的大潮是压倒性的，中国成了绝对的输入国。在形而上领域，不必说是单向度的“拿来主义”，即便在形而下领域，丝绸、陶瓷、茶叶也不免黯然失色了。试问近一二百年间，中国够得上“走向世界”者，有什么呢？我略略思量，暂时只想到三样：中餐、熊猫、功夫片。

从这个角度来说，为中餐西传做一份历史总结，入手看似低端，意义却堪称“高大上”呢。

还要强调一点：在中国文化花果飘零的岁月，中餐和功夫片却能在禹域之外灵根自植，首功是要记到广东人身上。或不妨说，在海外，华人史的一半是广东人的，中餐史的一半是粤菜的。那么，松芳也是在为广东人及广东美食树碑立传了。

松芳出身湘南，负笈中山大学，从黄天骥先生读博，博士论文是刘基研究。但他毕业后，因参与了《广东九章》的编撰，加以谭庭浩兄约稿的助力，遂一脚踏进了岭南历史文化的领域，尤其是饮食史的领域，已刊行《岭南饕餮》《民国味道》《广东味道》《岭南饮食随谈》《岭南饮食文化》《海上粤菜与海外粤菜》等多种。此外尚有关于岭南服饰与风月方面的撰述。又如其专著《汤显祖的岭南行》，选题虽系其明代戏曲专业的延伸，可也立足岭南，融合了本地元素。可以说，他是走上了一条学术的“歧路”，更将“歧路”走成了“正道”。

至于这部《饮食西游记》，写的既是中餐流传史，自然也相当程度上是粤菜流传史，呈现了广东人在异域奋斗的一个侧面；在内涵和史料上，这其实是由岭南饮食史研究逸出的旁枝，是治史的“内在理路”逼出来的题目。了结这个题目，才算完成粤菜的历史拼图。故松芳著此书，实等于写出了我们广东人的“威水史”——这本来是广东人最当做的课题。我们这些“土著”自惭之余，是很应该感谢他的。

张次溪是东莞人，但“归化”北京而治北京史之学；罗香林是兴宁人，但“归化”香港而治香港史之学；方豪是杭州人，但“归化”台湾而治台湾史之学。这些都是因自身际遇而成就学问的例子。更贴近我们的，自然有王贵忱先生。他原是辽宁铁岭人，但既“归化”岭南，就特别用力于搜集岭南的文献与文物，同时研究岭南的历史与人物。松芳之为学，得于世缘，可谓无意中接续了他们的谱系。

还需要说明，当今的饮食写作不可谓不繁荣，而作者大都属于职业吃货，凭大吃四方的经验写作。在这方面，松芳并无优势，即使在我们的饭局小团伙里，他也只是勇于做东、勤于供酒，在品位上无异于我辈。可是，有问题吗？松芳在专业上的祖师爷王国维并不爱看旧戏，甚至轻视旧戏，却照样写出了开宗立派的《宋元戏曲史》呢。

当然，严格来说，松芳此书确不属于饮食写作，而是饮食史写作。他是文献派、朴学派、故纸派。他最突出的长处，就在于勤搜史料，研究古典时期就往笔记野史里找，研究晚清民国就往报章杂志里找，凭史料立言，有一分材料则说一分话。对于饮食史来说，这才是决定性的。再会吃，如今谁知民国菜到底什么味道？更何况是古代的味道呢？那些味道已春梦无痕，那些味道的亲炙者已沉魄难招，撰述者事实上已不可能依赖自己的饮食体会，只能依赖他人的历史记录。味道是无法复制也无法重构的，我们只能透过文字和图像，依稀设想那些味道所附着的人物与情境，“暗想当年，节物风流，人情和美”，如是而已。

最后，还有些或属多余的话。

松芳至今供职于政府部门，身属国家公务员之列。当年他没留在学院，或非不愿，是不能也。但我以为这未尝不是幸事。

由于我身在学术体制之外，我总觉得，做学问的人当莫问出处，也莫问职业，有形形色色的身份才好。假若清一色只有学院派，那学界怕就太无趣了。比如就广州本地来说，有位写出《清代广州的巴斯商人》的郭德焱先生，有位写出《海虞二冯研究》的陈望南先生，在学问上都有更上层楼的素质，但他们却去了官场，从做学问角度看来未免可惜。但我又想，惊鸿一瞥，神龙见首，何曾不是学界传奇呢！让官场有几个真正能做学问的人，也不是坏事啊。西哲有“参差多态乃幸福之源”的名言，我以为学界亦然，参差多态乃学术繁荣之源。即如松芳，若他留在学院里，岭南的饮食男女之学，恐怕就无人收拾了。中山大学的戏曲史专家多矣，少一个依然阵容齐整，而羊城多了一个岭南文化史家，却是别无分店的。

罗振玉曾号“殷礼在斯堂”，昔年贵忱先生仰慕其人、尊崇其学，遂自号“越礼在斯堂”，有守护岭南旧学的意思。而照《礼记》说的，“夫礼之初，始诸饮食”，饮食竟是上古礼学的核心呢。则粤菜宜可归入“越礼”而绝无愧色了，不亦重乎！越礼有学，其在斯乎！松芳其勉之。

2018年10月

引言　海外烹出中国梦[①]

伟大的革命先行者孙中山先生在其1919年撰述的《建国方略》中，以饮食之事作为其建国方略的开篇释证，可谓“调和鼎鼐”的现代诠释：“我中国近代文明进化，事事皆落人之后，惟饮食一道之进步，至今尚为文明各国所不及。中国所发明之食物，固大盛于欧美；而中国烹调法之精良，又非欧美所可并驾。”故“近年华侨所到之地，则中国饮食之风盛传。在美国纽约一城，中国菜馆多至数百家。凡美国城市，几无一无中国菜馆者。美人之嗜中国味者，举国若狂”。而且“中国烹调之术不独遍传于美洲，而欧洲各国之大都会亦渐有中国菜馆矣。日本自维新以后，习尚多采西风，而独于烹调一道犹嗜中国之味，故东京中国菜馆亦林立焉。是知口之于味，人所同也”。其议论所基，当然是粤菜了，故所举

① 本书涉及大量晚清、民国文献，在编辑过程中，编者以保持直接引文原貌为基本原则，只对明显的排版差错进行修改，或做技术性校注。直接引文中的本书作者括注，均以[　]标明，(　)则为原文括注。

例证，也多属粤菜。如说粤人嗜好的动物脏腑，“英美人往时不之食也，而近年亦以美味视之矣”。又说：“吾往在粤垣，曾见有西人鄙视中国人食猪血，以为粗恶野蛮者。而今经医学卫生家所研究而得者，则猪血涵铁质独多，为补身之无上品。凡病后、产后及一切血薄症之人，往时多以化炼之铁剂治之者，今皆用猪血以治之矣。盖猪血所涵之铁，为有机体之铁，较之无机体之炼化铁剂，尤为适宜于人之身体。故猪血之为食品，有病之人食之固可以补身，而无病之人食之亦可以益体。”[1]

革命领袖写这段文字的时候，已是做大总统多年以后，说到海外中餐业，且处处以中国冠名。与其如此拉大架子，反不如另一个广东大佬——维新领袖梁启超，直接称颂广东人的功劳好。早期的中餐馆，基本是广东人在开。是故，梁启超氏也不肤廓地说中国饮食，从俗而说杂碎；杂碎得名之记述，国人所见，最早也正属梁氏因1903年访美而作的《新大陆游记》：“杂碎馆自李合肥游美后始发生。前此西人足迹不履唐人埠，自合肥至后一到游历，此后来者如鲫。西人好奇家欲知中国人生活之程度，未能至亚洲，则必到纽约唐人埠一观焉。合肥在美思中国饮食，属唐人埠之酒食店进馔数次。西人问其名，华人难于具对，统名之曰杂碎，自此杂碎之名大噪。仅纽约一隅，杂碎馆三四百家，遍于全市。此外东方各埠，如

① 孙中山《建国方略》，华夏出版社2002年版，第6—7页。

费尔特费、波士顿、华盛顿、芝加高、必珠卜诸埠称是。”[①]李合肥即李鸿章。李鸿章访美在1896年，相去实不相远，梁氏所述似应可信，然杂碎之名大噪，固关乎李氏，李氏却未曾一尝杂碎也。

李鸿章亦属时代英豪，海内外影响巨大，所以其访美便掀起了李鸿章旋风，影响及于饮食界，即如梁启超所谓：“中国食品本美，而偶以合肥之名噪之，故举国嗜此若狂。凡杂碎馆之食单，莫不大书‘李鸿章杂碎’‘李鸿章面’‘李鸿章饭’等名，因西人崇拜英雄性及好奇性，遂产出此物。”美国华侨多为粤人，开餐馆又是华侨的主业之一，故梁启超对此甚有感触地说：“李鸿章功德之在粤民者，当惟此为最矣。”[②]其后来撰《李鸿章传》，与此或不无关系；今人徐刚撰《梁启超传》，也念兹在兹。

华人谋生海外，最初本就靠着三把刀——菜刀、剪刀与剃刀，同时做着发洋财梦。随着海外中餐馆的兴盛，鼓吹靠菜刀实现理想的人便进一步多起来。如有人说：“吾国事事后人，但烹饪之术，确在各强国之上，至少高彼等五十分。故在海外所营之中国饭馆，无不利市百倍。碧眼儿争趋之，口角流涎，此亦稍强人意之好消息乎？有国家思想之厨子先生，何不连翩出洋，而搂取此黄光灿灿之金镑，以裕国富家耶！”[③]

①② 梁启超《新大陆游记》，商务印书馆1916年版，第71页。费尔特费即费城；必珠卜即匹兹堡。

③ 秣陵生《巴黎之中国饭馆》，《坦途》1928年第5期。

第一章　美国中餐：最是杂碎能惹味

海外中餐，发展得最早、也发展得最好的，莫过于美国；海外中餐馆的两道象征性历史名菜，无论是早期的李鸿章杂碎，还是后起的左宗棠鸡，莫不兴起于美国；附丽故事最丰富最精彩的，也同样莫过于美国，迄今依然。早些年风靡一时的电视连续剧《北京人在纽约》，剧情的精彩呈现也同样是从王起明到中餐馆打工开始的。所以，我们谈海外中餐及其历史文化记忆，自然须从美国说起、从杂碎说起。在民国时期，中餐馆或者杂碎，在某种程度上，还成了不同族群、不同阶层人士的一种共同“原乡记忆”。“至20世纪20年代，杂碎和炒面已经与火腿鸡蛋、咖啡饼干以及周日炖肉一样，在美国人的日常饮食中占据了一席之地。对于那些未身处主流文化圈的人而言，吃中餐提供了加入其中的一种途径，人们可以借此提升自己的归属感。而对于从小在纽约、芝加哥等城市长大的二代犹太移民来说，街边那些位于二楼的杂碎店都具有强烈的吸引力。”“第二、三代的美国犹太移民也逐渐将中餐馆视为了远离故土后的新乡。”[1]因此，我们更要从美国说起了。

第一节　因李鸿章之名

杂碎之兴，不仅是中国人的事，也不仅是在美国的中国人的事，还是美国人的事。李鸿章访美，正是这一问题的集矢之所在。于迎秋、刘海铭等华人历史学者的研究表明，杂碎因李鸿章1896年访美而备受关注，杂碎从此也渐渐地去内脏化而美国化了。但大众层面，依然津津乐道于所谓的“李鸿章杂碎”，其实后来渐渐成了地道的美国杂碎。

关于“李鸿章杂碎”，有几个不同的版本，大抵在梁启超版的基础上增删改窜。如说杂碎出于旧金山市长索地路的宴请，或芝加哥某侨商的盛宴招待，甚至还变换到了沙俄。有的越编越离谱，尤其是不学无术的当今耳食之人的臆说，更是无足道哉。我们必须考察当时当地的情形，方于事有裨。

证诸史实，李鸿章访美，先到纽约，后往华盛顿、费城，再折返纽约，然后西行温哥华，取道横滨回国，既未去旧金山，也没去芝加哥，即便在纽约，也并没有吃过杂碎。据《纽约时报》

---

① 安德鲁·科伊《来份杂碎：中餐在美国的文化史》，北京时代华文书局2016年版，第221页。

报道，虽然纽约华人商会曾于1896年9月1日在华埠设宴招待李鸿章，但李鸿章因当天手指被车门夹伤而缺席。所谓“合肥在美思中国饮食”之说更无稽，因为李氏随身带了三个厨子及足量的茶叶、大米和烹调佐料，饮食完全无虞。当然也有人据此编排说，李鸿章要回请美国客人，出现了食材不够的情形，于是罄其所有，拉拉杂杂地做了一道大菜，却意外受到欢迎，于是引出了李鸿章杂碎。可据刘海铭教授考证，当时《纽约时报》每天以一至二版的篇幅报道李氏的言论和活动，巨细无遗，却只字不及杂碎，显系华人好事者、主要是中餐馆从业人员的凭空编排。而其编排的动机在于，利用李鸿章访美大做文章，试图向美国公众推销中国餐馆。因为李鸿章作为清政府当时最重要的官员，在访美期间受到官方很高的礼遇和媒体的高度青睐。一批美国记者和外交官先期赶到中国，以便能与他同船赴美，跟踪详细报道；甚至对其饮食方面的细微报道，也从轮船上就开始了。如8月29日《纽约时报》的报道“Viceroy Li While at Sea”①，说其自带的厨师每天在船上为他准备七顿饭，饭菜中有鱼翅和燕窝等。还报道说，即使抵美后，李鸿章也基本只吃自备食物。如《纽约时报》9月5日的报道“The Viceroy Their Guest”说，李鸿章参加前国务卿J.W.福斯特的

① 作者对正文中外文的处理分为两种情况：1. 直引和转引中的外文均保留原貌，必要时加注；2. 对其余陈述部分的外文（如文章名、餐厅名以及无法准确翻译的姓名等），会选择性地保留原貌。

招待晚宴，“只饮用了少量香槟，吃了一丁点儿冰淇淋，根本就没碰什么别的食物”。其自备食物的具体情形，报道过的一次是“切成小块的炖鸡、一碗米饭和一碗蔬菜汤”。这一次也就成了“华道夫·阿尔斯多亚酒店”[①]第一次由中国厨子用中国的锅盆器具，准备中国菜；他们烹制的菜比这位赫赫有名的中堂本人引起更多的“好奇和注意”。正是这种“好奇和注意”，使“杂碎”成为传奇；大多数开中餐馆的华人，更加着意好奇地从中寻觅和创造商机。

遥远的东方来了一个李鸿章，锦衣玉食的他当然不屑于一尝杂碎，但无疑为草根的杂碎做了极佳的代言，使其一夜间“高大上”起来，如 *Frank Leslie's Illustrated* 画报所言：“尝过‘杂碎’魔幻味道的美国人，会立即忘掉华人的是非；突然之间，一种不可抗拒的诱惑猛然高升，摧垮他的意志，磁铁般将他的步伐吸引到勿街[②]。”受媒体关于李鸿章访美报道的蛊惑，成千上万的纽约人涌向唐人街，一尝杂碎的味道，连纽约市长威廉·斯特朗也为此于1896年8月26日探访了唐人街。到了这个份儿上，说李吃过李就吃过，没有吃过也吃过了。华人开始编故事，美国人也就信以为真，就像喜欢高颧骨塌鼻梁黝黑皮肤的中国“美女”一样迷恋起杂碎来。

需求刺激发展和提高，在两年之后1898年出版的记者路易

① 今译华尔道夫酒店，是联合国会议各国元首首选下榻之地，李鸿章是其历史上第一次接待的中国人。

② Mott Street，纽约唐人街内的一条街。

斯·贝克的《纽约的唐人街》一书中，杂碎馆的形象已变得高大起来：至少有七家高级餐馆，坐落在“装饰得璀璨明亮的建筑”的大楼高层，“餐厅打扫得极为干净，厨房里也不大常见灰尘”。为了迎合美国人的需要，1903年，纽约一个取了美国名字的中国人查理·波士顿，把自己唐人街的杂碎馆迁到第三大道，生意火爆，引起纷纷效仿。“几个月之内，在第45大街和第14大街，从百老汇至第八大道之间出现了一百多家杂碎馆，相当一部分坐落于坦达洛因。”这些唐人街之外的杂碎馆，大多是“七彩的灯笼照耀着，用丝、竹制品装饰，从东方人的角度看非常奢华”，以与其他美国高级餐馆竞争，并自称“吸引了全城最高级的顾客群”；一家位于长岛的杂碎馆还被《纽约时报》称为“休闲胜地”。可以说，“从全市中餐馆的暴增来看，这座城市已经为‘杂碎’而疯狂”。①这就是梁启超访美时所见的杂碎馆的繁盛景象。

第二节　到哪里去吃地道粤菜

然而，十年之后，著名教育家蒋梦麟在1912年留学美国时观察到，尽管在纽约这个大都会里的中国菜馆有五百家之多，在拥

① “Chop Suey Resorts”, *New York Times* (November 15, 1903).转引自刘海铭《炒杂碎：美国餐饮史中的华裔文化》，《华侨华人历史研究》2010年第1期。本章所引外报资料，多转引自此文，不一一注出。

有两万余人的旧金山华埠，“杂碎馆”也是吸引游人的所在，但相对地道的广东菜，美国人还是无由得尝：

> 有一个年轻美丽的美国人……还在一家中国饭馆吃过鸟巢（燕窝）、鱼翅和杂碎。她对这一切感到万分新奇，说得手舞足蹈。她的妹妹们都睁着眼睛，张着嘴巴问她：“真的啊！”她的老祖母从眼镜上面望着她，两只手则仍旧不停地织着毛线。
>
> “你用筷子怎么喝汤呢？”一位小妹妹满腹狐疑地问。
>
> “正像你用麦管吸汽水一样吸汤呀！小妹妹。”我代为回答，引得大家大笑。[①]

因此，在美国唐人街的杂碎馆，总是可以吃到价廉物美的地道广东菜。但美国的高档粤菜馆，也是很贵的，像“杏花楼，共和楼，颐和园等，内部的装璜比上海任何粤菜馆子都要富丽”。[②]尤其是杏花楼，是从早期华工服务自己的小餐馆转向服务大众的大餐馆的第一家：“华埠中之中国餐馆，原无可述，惟有两家，必须略予叙述：一为最老之餐馆，名曰杏花楼，已有八十余年之历史。”[③]

① 蒋梦麟《西潮·新潮》，岳麓书社2000年版，第88—92页。
② 问笔《唐人街（金山笔记之五）》，《宇宙风》1936年第27期。
③ 曹树铭《旧金山华埠剪影》，《华侨评论》1946年第4期。

但是，白皮肤的洋人，似乎只有吃杂碎的命。海外文献说在中国的外国人不吃中国菜，梁启超则说在海外的中国人不吃杂碎，的确是这样的。杨步伟写她1921年9月26日随赵元任去旧金山玩："元任说旧金山有很好玩的中国城。广东饭也很好吃，只不要叫'杂碎'就是了。"①这杂碎，不当它是中国菜也可以的，后来美国人还争杂碎的发明权呢。这是后话。但最早期的华侨，可是只做中国饭，只吃中国饭，也只吃得起中国饭。虽然未必像中国这么好，至少还算地道。据陈依范说，华人最初赴美，多是务工男丁，不少还是"卖猪仔"过去的，难以单独开伙做饭，饭堂般的中餐馆便应运而生。以旧金山为例，那是华人早期的落脚地，虽然开始人数并不多，1820年美国移民局有记录以来，10年间录得3名华人，再10年增加7名，到1850年的时候，也不过数百人，但在市中心朴茨茅斯广场周围，就开起了主要为华人服务的5家餐馆，因而被称为"小广州"。这就是美国历史最长、规模最大的旧金山"唐人街"的雏形；这些餐馆，也就是后来所谓杂碎馆的雏形。②

这些中餐馆，很快受到老外的欢迎。淘金矿工威廉·肖在他1851年出版的《金色的梦和醒来的现实》一书中写道："旧金山

① 杨步伟《杂记赵家》，广西师范大学出版社2014年版，第12页。

② 陈依范《美国华人史》，世界知识出版社1987年版，第10—23页。陈依范的父亲即曾任中华民国外交部部长的著名爱国华侨陈友仁，他自己则有在国内工作生活20年（1950—1970）的经历。

最好的餐馆是中国人开的中国风味的餐馆，菜肴大都味道麻辣，有杂烩，有爆炒肉丁，小盘送上，极为可口，我甚至连这些菜是用什么做成的都顾不上问了。但这些以黄绸的三角作为标记的中国餐馆，在旧金山这个以烹饪食品种类繁多、美味可口而闻名的城市里——这里有法国、意大利、西班牙和英美餐馆——之所以很早就享有盛名，却正是‘因为那时餐馆还未试图去迎合西方人的口味’。”又说：“时至今日，大多数华人家庭和最好的华人餐馆做出的饭菜和祖国的饭菜都是一样的。”威廉·肖还说：“中国餐馆一直兴盛不衰，这足以证明其饭菜的精美和旧金山人对它们的需要，因为人们仍然保留着‘下馆子’的习惯。这是早期开拓者和单身汉的传统之一，当时大多数男人没有一个真正的家。”1880年的统计，美国华人的男女比例为20:1；1870年，在旧金山虽有1769名15岁以上的华人女性，但1452人是妓女；大凡在矿区，即便非华人矿工，男女比例也是严重失调的。

旧金山早期的华人餐馆，生意好，味道也正宗，而且价廉物美。在美国人的记录里，“李清清开的金色欢乐殿堂可容纳400人同时就餐，仅花20美元就可购得21张餐券。中国餐饮店门口都挂着三角形的黄色缎子旗，并以固定价格提供‘你可吃的一切食物’，光这一点就足以吸引西方的矿工们前来就餐，因为他们的收入都较低。为了向这些中餐馆提供足够的食材以满足大批食客，所有的原料都是从中国进口”。而为单身汉服务、为矿工服务这一传统，在世纪之交的蒙大拿州比尤特市再度得到了体现："到了世纪之交，比尤特市已经发展成为一个拥有5万人口的城市，其中很多人是暂住的男过客。那里有大约75家餐馆，大部分为中国人拥有或经营，专门为矿工们提供便携的午餐，也供应早餐和晚餐。"[①]

生意好，便可以提质提级。1868年张德彝随使欧美，来到旧金山，便感觉吃得简直比国内还好："［三月十五日］有同'斋那'轮船之粤人陆松者，约食于远芳楼。山珍海错，烹调悉如内地。""［二十日］叶佐棠约食于杏香楼。楼高二层，陈设古玩画轴匾额颇多，皆名人题写，幽雅可观。""［六月十九日酉刻］回徐［尔德］家晚馔。是夕，徐、施、吴、裴四家剧（醵）金公请，附约戚友男女百人陪坐。肴馔具山海之珍，酒醴极和甘之美，而奴仆往来，酬酢者接踵而至，宾主为之尽欢。"而且还有美国商人学着烹制中国菜肴相款待："［七月初九晚］有洋商韦祥性备鱼鸟馔候于舍利湖旁，如蟹、虾、燕、雀等，皆仿中华煎煮，其味颇佳，宴罢而归。"[②]1887年，王咏霓随使欧洲三年期满后转赴美国参观，所见之中餐馆也是极佳的："旧金山华人酒馆，以会仙楼为最，造费二万余圆，陈设雕镂皆华式。远芳楼次之，

① 约翰·安东尼·乔治·罗伯茨《东食西渐：西方人眼中的中国饮食文化》，当代中国出版社2008年版，分见第104、113—114页。

② 张德彝《欧美环游记（再述奇）》，湖南人民出版社1981年版，分见第49—50、92、105页。

杏花楼、乐仙楼、万花楼又其次也。”[①]

说实在的，1868年的旧金山，无论相对人数还是绝对人数，都是华人的黄金时代：“刻下土人二十六万，华人八万九千，熙熙攘攘，称名都焉。”[②]1882年加州即通过排华法案之后，华人人口递减，酒楼食肆营业自然深受影响。在这黄金时代里，在杂碎尚未勃兴之际，旧金山中餐馆的风采，是日后难以想象的。

其实，作为后来中餐馆代名词的炒杂碎，也是早已有之的地道中国菜。1884年，最早的华裔记者王清福在《布鲁克林鹰报》上撰文介绍中国菜，夸张地说：“‘杂碎’或许称得上是中国的国菜。”其时他抵美不过六年，因此颇为人尊信。1888年，他又在《环球杂志》第五期发表《纽约的中国人》说：“中国人最常吃的一道菜是炒杂碎，是用鸡肝、鸡肫、蘑菇、竹笋、猪肚、豆芽等混在一起，用香料炖成的菜。”刘海铭教授评论说，“Chow Chop Suey”是粤语发音，因为早期中国移民大多数是广东人，而“chop”恰是英文单词“剁碎”的意思，故在美国人以及其他不明就里的人看来，“杂碎”或是将鸡肉或猪肉、牛肉切成精致的细块，烹制成菜——后来美国化了的杂碎正是如此。但又说中国人都喜欢吃杂碎则不尽然，内地很多地方是不怎么吃的，但广

① 王咏霓、张元济《道西斋日记·环游谈荟》，岳麓书社2016年版，第48页。
② 张德彝《欧美环游记（再述奇）》，第45—46页。

东人则对猪和鸡的杂碎情有独钟，至今依然。[①]配料中的竹笋一味，也是广东特色。“和之美者，越骆之箘”，据汉代高诱的注，这箘，就是竹笋；竹笋在粤菜调味中的重要地位和作用，笔者曾在拙著《民国味道》有专文论述，此不赘。

再则，不待刘海铭教授评论，华人世界也早有人认为“Chop Suey”二字是从广东话“杂碎”的读音转变而来，并说杂碎就是杂炒：“在外国普通饭店食饭，向来不用久候。广州香港沿岸的小餐馆有专为外国水手及游客而设，他们为适合‘性急’的顾客起见，就不管什么肉类菜蔬，只要是现成的胡乱炒在一锅，只取其快，不管其味。奇怪得很，这种又杂又碎的东西，倒非常合外国人的口味。后来中国人到外国来开店，也以这种杂炒享客，又以杂碎二字为招牌。此即Chop Suey二字的起源了。”[②]这段话不仅说清了杂碎的得名，而且说清了其渊源。

早期的杂碎，虽然不似后来的“雍容富态”，但仿佛处女之期，是更美好而值得留恋的。随着排华法案的出台，“山珍海错，烹调悉如内地”的中餐馆黄金时代结束，转而讨食于美国佬的杂碎化时代开启，也才是“搂取此黄光灿灿之金镑”的海外发财梦的开始——烹制地道的中国菜赚中国人的钱，哪算个事儿！

① 刘海铭《炒杂碎：美国餐饮史中的华裔文化》。

② 张月庐《在美的华人餐馆及侍者》，《生活》1931年第18期。

第三节　必也正名乎：美国杂碎

一、就是喜欢美国杂碎

就在杂碎馆走出唐人街的同时，杂碎也就日益美国化了。前揭贝克在他的书中说，炒杂碎是由“猪肉块、芹菜、洋葱、豆芽等混炒在一起”。芹菜、洋葱和豆芽已取代了动物内脏，成为主要配料，完全不同于中国的原始做法。1901年11月3日，《纽约时报》邀请到曾任美国驻中国厦门副领事的费尔斯，为其撰写了一篇如何炒杂碎的文章“How to Make Chop Suey”，“以便任何一个聪明的家庭主妇都能在家中制作炒杂碎”。费氏所待的厦门位于福建南部，与广东的潮州属于同一个饮食文化圈，报社以为找对了人，但其介绍的菜谱，无论从配料（一磅鲜嫩干净的猪肉，切成小碎块，半盎司绿根姜和两根芹菜），还是烹饪手法（用平底锅在大火上煎炸这些配菜，加入四餐匙橄榄油、一餐匙盐、黑椒、红椒和一些葱末提味，快出锅时，加入一小罐蘑菇，或者半杯豆芽、法国青豌豆或菜豆，或者半杯切得很细的豆角或芦笋尖）看，均非传统杂碎的做法，甚至也不是当时唐人街中餐馆的做法；即便你舍去鸡内脏，酱油总不能少啊！因为在美国人看来，杂碎是否好吃，“取决于倒在炖锅中的蘑菇和神秘的黑色或褐色酱料”，即酱油。杂碎如何炒，华人是不会让“鬼佬”知道的，“尽管常常受雇于美国家庭，且不断有人企图从中国佬那里套出炒杂碎是怎么做的，但中国厨师却似乎从来不将烧菜的秘方透露给他人。当美国人询问中国厨师有关书籍和杂志中的炒杂碎菜谱时，他们常常心照不宣地笑笑，不做任何回答”。[1]而有些老美，还把蘑菇看得更关键。比如当时一满盘杂碎，外加一杯茶、一碗米饭，如果不加蘑菇的话只需要25美分，加蘑菇的话需要35至40美分，用贝克的话来说，蘑菇仿佛是抹在“火鸡上的草莓酱”。看来，杂碎盛名之下，与其原初的形式和风味相去日远，慢慢变成了美国化的中国菜了。所以，贝克又说：“杂碎嗜好者宣称，要尝到真正美味的菜，仍然必须到唐人街拥挤的中餐馆中。”

必也正名乎！杂碎既已美国化，必然也带来名实之争。即便最正宗的得名，也已偏离广东人的杂碎之实了。美国著名华裔作家张纯如在她的《华人在美国》一书中引述的淘金热时期的一个民间传说，流传最广也最有代表性。说的是一天晚上，一群喝得醉醺醺的美国矿工走进旧金山一家正准备打烊的中餐馆要吃的，这时候哪还有菜啊！无奈之下，把几碟剩菜倒在一起，炒成一大盘，竟赢得了白人矿工的赞不绝口，后来名闻遐迩的炒杂碎于焉诞生。这种传说，使杂碎完成了去广东化，也完全不用理会你“李鸿章”了。更绝的是，1904年旧金山有一位名叫莱姆·森曼（Lem Sen）的厨师，走进曼哈顿下城一家律师事务所，声称

① “Chop Suey Resorts”.

自己刚从旧金山过来，是杂碎的发明者，“杂碎和猪肉大豆一样，根本不是中国国菜”，而是他在李鸿章访美之前，于旧金山一家“波西米亚”饭店的厨房内想出来的菜肴。[①]巧的是，到20世纪80年代中期，再有好事者入秉旧金山法院，要求判明杂碎起源于加州而非纽约华埠时，审理法官知此为葫芦案，竟顺水来了个葫芦判：杂碎发明于旧金山。

杂碎美国化最大的证据，是其成为美国军队的日常菜。从1942年版的《美国军队烹饪食谱》中，我们看到美军杂碎所用调料系番茄酱和伍斯特郡辣酱油，据说最好这一口的是艾森豪威尔。另据《纽约时报》1953年8月2日的报道说，艾森豪威尔当选总统后，依然不时为家人预订他的最爱——鸡肉杂碎。在此时的美国人眼里，炒杂碎的确不再是中国菜，而是美国人的家常菜了。

杂碎的去广东化甚至去中国化，一方面使得杂碎馆成为中餐馆的代名词，几乎所有的中餐馆都以杂碎为名，如“杂碎屋”“杂碎碗”“杂碎咖啡小馆”“杂碎宫”“杂碎食庄”“杂碎面馆”，而且可以冠上广东以外的地名，如“上海杂碎馆”“北京杂碎馆”等，当然也可以冠以姓氏，如“王氏杂碎馆”“孙氏杂碎馆”等。另一方面杂碎馆的老板也可以有日裔、朝鲜裔甚至美国

---

① “Chop Suey Injunction: Lem Sen of Frisco Here to Allege Copy—right Infringement”, *New York Times* (June 15, 1904).转引自安德鲁·科伊《来份杂碎：中餐在美国的文化史》，第194页。

佬了。20世纪20年代洛杉矶地区大型的中餐馆之一——皇冠杂碎馆，店主就是日侨；南加州经营杂碎馆的日侨更多。美国饮食文化史家哈维·列文斯顿还指出了一个有意思的现象，就是1925年一位中餐馆老板曾自豪地宣称，等退休后要将炒杂碎的生意带回中国。[①]真是数典忘祖了！但是，如果我们置身其时代氛围，也无可厚非。因为当时的主流调子是中国没有炒杂碎。比如1924年3月25日《洛杉矶时报》一篇题为《中国有很多中国人的东西，但是在那里没有炒杂碎》的文章说："中国人跟世界开了一个小小的玩笑，中国在美国的公民让炒杂碎家喻户晓，似乎这是一道典型的中国菜。其实并不是这样，这道菜在中国无人知晓。"《洛杉矶时报》另一篇关于广州见闻的文章也说："我尝过了几乎所有中国菜，就是没有见过炒杂碎。真实情况是中国似乎从未有过这样一道菜，但是它在美国却被当作正宗的中国菜来满足大众的需求。"[②]在炒杂碎的故乡不是见不着炒杂碎，而是见不着美国杂碎而已；广东人一直在炒着给自己吃的传统杂碎，而在上海，却真可以见着炒给美国人吃的美国杂碎，"因为那里有美国人"。[③]日本

① Bertram Reinitz "Chop Suey's New Role", *New York Times* (December 27, 1925).

② Frank G. Carpenter "Old China as Seen In Canton", *Los Angeles Times* (November 9, 1924).

③ "China Has Most Things Chinese But Chop Suey Isn't to Be Found There", *Los Angeles Times* (March 25, 1924).

战败之后，美国人在上海独具势力，美国杂碎更是大行其道，也就出现了下面的独特景观："西方人不难在一条主干道上发现一个霓虹灯牌，上面标明：'这里供应真正的美国炒杂碎。'"这是因为早在二战期间，便有美国大兵在陪都重庆到处找炒杂碎吃，精明的四川人便打出广告，说供应地道的旧金山式炒杂碎，如今胜利了，岂能不大开美国杂碎馆以资慰劳？[①]其实不仅重庆和上海，北京1928年间也曾开过一家美式杂碎馆，由于顾客太少，不久关张，令美国佬惊诧：中国人怎么会不喜欢炒杂碎？！[②]

最后，我们在谈美国杂碎的同时，还应知道，另有一样炒面，其实可与炒杂碎相提并论，而且它们往往相伴而供："在美国各大城，都有华侨开设的馆子，其中尤以广闽人开设的，烹调法子，最为高明。其炒杂碎（Chop Suey）与炒面二件，菜色很得美国人士欢迎，所以华侨之业餐馆者，营业尚为兴旺。"[③]

至于中国人为什么开杂碎馆迎合美国人的口味，有一个人们不大注意的原因，那就是在纽约的华人，不像旧金山等华侨发祥地的华人多聚集在唐人街，他们宁愿忍受着严重的种族歧视，也选择居住在白人统领的社区，以求得早日挤进美国主流社会。但

① 陈本昌《美国华侨餐馆工业》，广西教育出版社1995年版，第28页。

② "Chop Suey, Popular Here, Is Hardly Known in China", *New York Times* (November 11, 1928).

③ 陈献荣《美国华侨概况》，《华侨半月刊》1932年第12期。

是，在白人社区，大多数人无业可就，只能从事洗衣业或餐饮业；在洗衣机发明后，更多是涌入餐饮业，而且餐馆主要开在白人社区——1918年纽约57家中餐馆中，有33家开在唐人街外——自然要照顾白人的口味。[①]

大势所趋，旧金山这样老牌的华人聚居重镇也难以例外了，从20世纪20年代后期起，中国商人就开始在唐人街以外经营全方位服务的饭店了，也就是说，既要照顾中国人，也要迎合美国人。像1927年开张的新上海露台饭店，有中、西餐同时供应。而唐人街格兰特大道有一家上海楼饭店，饭店正面有一个很大的“炒杂碎”的招牌，同时又做广告招徕顾客曰：“本店提供最上乘的中餐，价格公道，服务一流……惠顾敝店，就如同亲临中国一样。”返璞归真，杂碎愈益美国化的同时，广东菜的正宗性也渐次重新得到强调。1935年的一则报道称：“如果你知道怎样点菜，那么在好儿家中餐馆都可以品尝到正宗美味。如果你要点炒杂碎，他们就会把你当成新顾客而格外关照。正宗的中餐精致而稀罕，应该说是用来细细品味而不是开怀大吃的，因为菜的品种非常之多……炖燕窝非常鲜美，任何人都会舍皮蛋而取之。”到了这个份儿上，杂碎的名分就不用争了；不用争也意味着中国菜在美国广泛而真正地被接受、被欢迎——1940年的《圣·路易斯邮

① 约翰·安东尼·乔治·罗伯茨《东食西渐：西方人眼中的中国饮食文化》，第113页。

报》声称“中餐是世界上最美味的菜肴之一”；1941—1943年间，旧金山唐人街的中餐馆生意猛增了300%。[①]

二、吐槽地道中国菜

杂碎在美国的勃兴，连梁启超自己都觉得不可理喻：“西人性质有大奇不可解者，如嗜杂碎其一端也。”能与此比肩的，则是“嗜用华医”了：“西人有喜用华医者，故业此常足以致富。有所谓‘王老吉凉茶’者，在广东每帖铜钱二文，售诸西人，或五元十元美金不等云，他可类推。然业此之人，其不解医者十八九，解者往往反不能行其业云。”[②]其实，凉茶之于中医，就如杂碎之于粤菜，凉茶铺则堪比杂碎馆。开凉茶铺也能发财致富娶洋妇。早在同治七年（1868）张德彝随使美国时即已访得例证：“[七月初五] 闻有粤人王阿秀在此开张茶铺，甚获利，已纳番女为妻，六年而生二子一女。”[③]这意味着，真正能做好粤菜的馆子，一定不如杂碎馆生意好；开杂碎馆，更能发财致富娶洋妇。梁启超可不愿这么想：“然其所谓杂碎者烹饪殊劣，中国人从无就食者。”[④]这是浮光掠影的想象，未深究其渊源，自然颇有失实之处，此处

① 约翰·安东尼·乔治·罗伯茨《东食西渐：西方人眼中的中国饮食文化》，第116页。

② 梁启超《新大陆游记》，第176页。

③ 张德彝《欧美环游记（再述奇）》，第102页。

④ 梁启超《新大陆游记》，第176页。

暂且按下不表。但是，欧美人初尝中餐，那可是吃得很不爽的。

中国长期居于世界中心，是万邦来朝的天朝上国，虽曾有郑和七下西洋，那也是另当别论，故论先来后到，是欧美人先来中国，而后才有中国人去欧美。就像后去的中国人起初不乐西餐，先来的欧美人也同样不乐中餐，无论在中国本土还是他们的国家。如《开放的中华：一个番鬼在大清国》所述，莫菲·岱摩1835年参加十三行之顺泰行的马佐良的奢华生日寿宴（吃了七个小时），就吃得并不舒服：

> 这么长时间地吃着那些难以下咽的东西，呼吸着四周难闻的气味——当地菜大量使用大蒜，还有我们只在药店里用的蓖麻油，令大部分的菜肴气味难闻。而且，除了米饭，所有的菜都是用十二到十五种原料混杂起来的，大厅的气味因此而遭殃，还有客人们的胃。必须承认，这些菜的普遍特点是，淡且油腻。欧洲美食家熟悉的“大豆”在这儿作为调味品，只能略微补救淡而无味的缺陷；至于第二个缺陷，这儿根深蒂固的风气是，当地人眼中大腹便便、有着无数层下巴是一种美，可以得到别人的赞赏。
>
> 稀奇古怪的菜肴很受青睐，如鲨鱼鳍、燕窝之类，原因有二：第一，这些传统甜食价格昂贵，可以显示主人慷慨宴请的财气；第二，人们赋予这些菜某些功能，相当于块菰之

于精疲力竭的唐·璜们。①

类似的记述很多。可以说，早期西方人对中国饮食没有多少好的记录。即便后来颇能接受广东菜了，又对广东人好吃的猫、狗、鼠肉等耿耿于怀。如早在1556年，多明我会修士帕·达·可鲁兹在中国流连数月，游览了广州，发现“尽管广州的餐馆比比皆是，而且所提供的食物很卫生，这些都令他印象深刻，但他还是对另一个场景耿耿于怀。那是在城墙附近的一条食品街上：‘他们将狗大卸八块，砍下头和耳朵，然后像烫猪般如法炮制，再经烧烤、煮制后出售，或直接出售生肉。这就是生活在社会底层的人们的美食。’”。因此，他在接受广州行商顶级的招待时，也难免担心“中招”：“偏见使得很多外国客人不敢品尝摆在他们面前的奇特美食，甚至那些有勇气品尝的人也显得格外小心翼翼，‘以防惊觉自己正在咀嚼蚯蚓，或啃到了猫骨头’。为了照顾外国客人的饮食习惯，主人在另一个房间里重新安排了一桌上等欧式宴席，于是客人们毫不犹豫地尽情分享了这顿美餐。”当然，对于中国北方的食物，一直到现代，西方人都不太接受。如英国人奥登和克里斯托弗·伊舍伍德为写作一本有关中国战争的书收集材料，1938年花了6个月的时间在中国各地考察，途中他

① 老尼克《开放的中华：一个番鬼在大清国》，山东画报出版社2004年版，第29—30页。

们碰到了蒋介石的政治顾问、意大利记者唐纳德。唐纳德听说他们打算去中国北方，便提醒他们路不好走，“并小声地以夸张的语气说：‘那你们就不得不吃中餐了。’当奥登表示他一定会吃中餐时，唐纳德则声称自己永远都不会碰那种东西，因为会伤胃”。事实证明正是如此：“当行程尚未过半时，他们就已开始认同唐纳德的观点了。”①

三、识味识地道

来华日久，或许是“吃了人家的嘴短”，开始有为中餐“鸣冤辩诬”的声音出现。1872年，英国驻上海领事麦华陀出版了《炎黄子孙——华人移民史》一书，其中就着意纠正了西方人对中国人生活状况的错误印象。他说那种认为中餐包括“狗肉、猫肉、鼠肉及其他一些垃圾食品”的说法实为谬论，而这种谬论流传甚广，以至于所有听到的人都会问他。虽然他并不否认中国人偶尔也吃狗肉猫肉，但那毕竟是下层民众的事。所以他又说，至于中国上层人士享用的佳肴，有些就连欧洲美食家也闻所未闻，比如海蜇、鸭舌。他又补充道：中国有一些食物同样值得西方人尝试，经过经验丰富的欧洲厨师以科学的方法烹制，这些食物可能变得更加味美可口。中国上等筵席中通常有一道汤，汤里有鱼

① 约翰·安东尼·乔治·罗伯茨《东食西渐：西方人眼中的中国饮食文化》，分见第15、31、75页。

翅、燕窝和海参，上面漂着鸽子蛋和鸟蛋。“我认为就算这种汤比不上我们的汤香浓，至少也可与除了海龟汤之外的任何汤相媲美。”而稍早，香港第二任总督（1844—1848在任）约翰·戴维斯（1795—1890）针对同一类汤，却是完全相反的腔调：“接下来上的汤闻之便令人作呕，汤里漂着鱼翅、煮鸡蛋，还有螃蟹、虾蓉和一种怪异的海鱼。”他可是18岁即来到了中国的中国通啊！另一位是1844年至1846年间曾漫游中国的法国人阿贝·埃瓦里斯特·赫克，声称自己是超级中国通，断言某些对中餐的描述是抄袭前人的，或者仅仅是凭空想象而已（如说中国人用蓖麻油烹调食物），并声称所有的中国人都有烹饪天赋，能用极其简单的厨具烹制出令人瞠目的美味佳肴——中国的厨师个个身怀绝技，出手不凡。①

1913年冬，美国驻华公使芮恩施博士（Paul S. Reinsch）在参加了梁启超在司法总长官邸举行的招待旅华美国学人的宴会，并得到现场点拨后，对中国菜特别是广东菜便佩服得五体投地，并详记在其《使华记》中。芮氏认识到，中国菜虽然所用原料不外乎常肉类与普通蔬菜，与西餐所用并无多大差别，却能花样百出，且各臻其味；大型的宴席，菜式更是丰富得多到150至200道，可

① 约翰·安东尼·乔治·罗伯茨《东食西渐：西方人眼中的中国饮食文化》，分见第15、31、74—75、34—35、49页。

谓极尽享受之乐事与能事。[1]对中国菜的推崇，于此可为极致。

第四节　到底是广东人的天下

一

自李鸿章访美之后，华侨忽悠着美国人再造了新版的美国杂碎，而且炒得不亦乐乎。中国本土过去的人可不那容易也不愿意被忽悠，他们要的是地道。入民国后，越来越多的中国人旅欧访美，他们对于海外中餐馆、杂碎馆的种种见闻与观察，实可参差对照着来看。民国时期，是“食在广州”的黄金时代。国人赴欧抵美观察彼间中餐馆业，入了唐人街，初看似在中国：“饭馆则有杏花楼、共和楼、上海楼，均大饭馆也。其中陈设，则无一非中国式：有字画，有楹联，行草篆隶，各极其致；有八仙桌，有十锦椅，有茶几，有弥陀榻，举目四顾，几疑仍在祖国。”再看则如置身广东：“唐人街之华侨皆系粤人，所煮之菜全系粤菜，肴馔殊不适口，然在外国吃中国菜，觉得无味中另有一种滋味也。”[2]

20世纪30年代的观察也是这样：“所谓杂碎馆就是中国菜馆。大都挂着中英合璧的招牌，有着雕刻玲珑的东红楼顶。这内中如

① 陈本昌《美国华侨餐馆工业》，第34页。
② 白丁《旧金山琐谈（五）》，《申报》1920年5月28日。

杏花楼、共和楼、颐和园等，内部的装璜比上海任何粤菜馆子都要富丽。朱漆的梁柱雕着描金的龙凤；遍壁上，极尽水彩色的鲜艳，画着西湖、颐和园等名胜的风景；每一堂屏风，每一条窗帏门幔，都刺绣着不同的花卉虫鸟。一般女招待穿的是绣花缎子镶宽边的中国褂裤。这种种，乍看去，在富丽里都显得有些粗俗。但我后来一想，觉得这正是一般顾客所需要的格调。当他们从单调的办公室，通过嘈杂灰色的街道，走进这里的时候，他们会顿觉走进了另外一个世界，魔術似的，天方夜谭的世界。说到'杂碎'的烹调法，不外两种，炒和煮，是很简单的。材料确实很杂，小半是肉丝，大半是青葱、芹菜、绿豆芽等。调味用的是麻油和酱油，在我们吃去，味道是很平常的。"[①]纽约作为美国最大的商业中心，更是杂碎馆的天堂："城中差不多隔两个路口就有一间，百老汇路上，是繁华的中心，戏院舞厅，群集于此，几十层高楼中，有两家三层矮屋，巍然树立，红灯闪耀，乐声铮钬，就是两家纽约饭店的巨擘，也是华人餐馆的天王，一家叫Chin Lee，一家叫做Palace Door。其中服役周到，菜肴精美，久为纽约人士所称道。每间生意好的时候，月盈二三万美金，每年就能赚百万墨银，恐怕国内没有几家公司能及此区区一餐馆罢！"[②]

① 问笔《唐人街（金山笔记之五）》。
② 张月庐《在美的华人餐馆及侍者》。

一直到民国末年仍是如此："美国之中菜馆，纯为广东菜清一色，因为老板大都是广东籍华侨。"但第一印象却是好奇与不解，"此间一个普遍的现象就是每一家菜馆门口必高悬Chop Suey二字来号召国外主顾，此二字即'杂碎'之译音，内有牛肉、猪肉、鸡肉等杂碎。所谓杂碎，即在猪肉或牛肉外加上青菜、洋山芋、萝卜等的一个热炒，外加白饭，类似十锦炒饭，其味当然无甚特出，但外国人皆极爱好"。而且菜名往往非常古怪，"连国人也不懂，如'中山鸡''李鸿章烧肉'等怪名字"。[1]不解归不解，美国中餐馆的繁荣昌盛，却也是一眼就看得出的："饭馆业：可说独树一帜，没有外国人堪与竞争的，由于各国人士由衷的赞美中国饭菜，餐馆便成了华侨的专业。中国餐馆不仅在中国城里接二连三的开设着，就在纽约城的其他各街各路上，也是到处可见的，综计有四五百家之多，其中有几家设备得清洁卫生，布置得富丽堂皇，不亚于美国人自行开设的自动餐馆之类。"[2]对美国中餐馆的特色总结得最精到的，当属赵元任的夫人杨步伟女士，她1945年在美国出版的一本名为*Chao, How to Cook and Eat in Chinese*[3]的书中说：美国所有的中餐馆中，只有三家不是粤菜馆，分别是纽约和华盛顿的天津饭店，以及纽约的宁波饭店。然而，

① 钟宝炎《美国的中菜馆》，《艺文画报》1947年第5期。
② 戴文超《华侨在纽约》，《旅行杂志》1947年第8期。
③ 即大陆版的《中国食谱》。

餐馆是广东人开的，味道却不是了。所谓的炒杂碎和炒面，哪能算是广东菜呢？她可是广州生活过的人。

所以，在作为美国华侨发祥地和大本营的旧金山唐人街，栉比鳞次的中国饭馆可是“内外有别”的：“直街上几家大的兼营夜总会，每晚有大腿戏表演。这些中国饭馆开市极晚，有几家规模大的要到傍晚才营业，顾客以美国人为主。横街上的次等饭馆供应真正的广东菜，大可称得价廉味美，鱼尤为便宜，在万国酒家吃清炖鱼，每碟仅售二角，其他如菠菜烧肉、炒肚丝、豆腐烧鱼，每碟亦不过三四角。还有一种专卖客饭的小饭馆，每客五角，白饭一盆，鸡或肉一大块，海员及店员在此进食者最多。”①

至于为什么餐馆多是广东人所开，是因为广东人由于地利之便，很早就移民海外，早期多到南洋。由于广东本身经济文化相对发达，从业广泛，从事餐饮业者固不少，但占比并不太大；加之广东与南泽的饮食文化也多有相近之处，故媒体不甚关注。唯鸦片战争特别是加州发现金矿之后，广东人开始大量移民欧美，尤其是移民美国者，大多数是开发西部和修筑太平洋铁路的劳工，以及被拐卖的“猪仔”；据统计，到1873年，广东籍劳工已达13.5万人之多。这些后来留下来的劳工，多半只能靠从事餐饮、洗衣、开杂货店等营生。最早的中餐馆，即始于1849年7月开设

① 徐同邺《三藩市唐人街巡礼》，《旅行杂志》1947年第6期。

于旧金山的“广东餐室”。由于早期美国华侨90%以上为广东人，旧金山的中餐馆当然也差不多全是由广东华侨经营。

中餐馆在旧金山兴起以后，更向美国各大城市发展。1898年，广府华侨钟爵在纽约开设中原楼餐馆，以招牌菜“中国杂碎”获得口碑，成为最早一代“杂碎王”。虽然延至二战后期广东华侨占比逐渐降至60%，但终民国之世，闻名遐迩的中餐馆，多为广东人所开，尤其是豪华的中餐馆。广东地方文化研究专家龚伯洪先生搜集到一个很好的例子：广州花县籍华侨刘棣华1907年赴美，先当洗衣工、电话接线生等，薄有积蓄后，即于1913年参股创办上海楼餐馆，获利颇丰，遂于1923年创办新上海楼，并组织申江实业公司，亲任总经理。20世纪30年代后进一步扩张，成为中餐馆姑苏亭（南京楼）、大东的大股东，还投资拍电影、开服装公司等，一跃成为知名旅美企业家。[①]其中上海楼，时人誉为旧金山第一：“熊君偕巴拿马一华侨朱君过访，同赴上海楼午餐。此为金山最华丽之中国餐肆，装璜悉仿东方宫殿式，四壁绘以吾国各种壁画，悬灯结彩，灿艳夺目。是日朱君宴客点菜极多，大快朵颐。有田鸡一味，尤隽永；计所耗达华币三十元，亦云昂矣！”[②]

① 龚伯洪《广府华侨华人史》，广东高等教育出版社2003年版，第233页。
② 林振镛《游美鸿爪录（一）》，《时事月报》1934年第11卷第5期。

二

美国中餐馆起源于旧金山，因李鸿章访美勃兴于纽约，其实在美国中餐由旧金山东渐纽约的过程中，费城与芝加哥是重要的一环。两地也是美国华人相对聚集的城市，分别于1926年和1933年举行万国博览会，中国均积极参加，因而其唐人街及中餐馆的发展，也为国内所关注。至1899年，费城有12家杂碎店，并“受到了夜游者的极度喜爱”。[①]

对芝加哥中餐馆的发展史，美国密苏里州杜鲁门大学历史系令狐萍教授说，19世纪90年代以后，芝加哥成为仅次于纽约的美国第二大城市，也是美国中西部水陆空交通枢纽，因此也就成排华运动后华人从加州旧金山往东走避的重镇，中餐馆便应运渐兴。其实早在19世纪70年代时，即有广东台山人梅宗周抵达芝加哥。他的两个弟弟梅宗凯和梅宗瑀也随后抵达。到1885年，他的家族已经有40名成员聚居芝加哥。到19世纪90年代末期，芝加哥第一个华埠社区——南奇勒街（South Clark Street）已经形成，华人居民超过500人，这也就是后来“中国街”即唐人街的前身。中餐馆与华人而俱至，到1926年，芝加哥已经有将近250家中餐馆分布在“各主要街道的便利点处”。其中许多餐馆豪华、优雅和充满时尚气息，南奇勒街277—279号的琼英楼就堪称典范：家具均为中国制造，如当时

① 安德鲁·科伊《来份杂碎：中餐在美国的文化史》，第188页。

十分流行的内嵌珍珠母装饰的大理石桌等；主顾多为到访的中国官员及其他华人精英，康有为就曾到访，此外其他芝加哥上流社会的名士与交际花也是常客。店主Chin F. Foin1877年出生在广东省新宁县（1914年更名台山县），1892年来美，1895年才抵达芝加哥。因为中餐馆的成功，他在汽车刚刚面世的时候便拥有了一辆，并加入了专属的社交俱乐部，借此跻身芝加哥上流社会。随后，Chin F. Foin还入股了更豪华的琼彩楼及如心；如心创办于1901年，颇负时名，以至于1950年餐馆转让后新东家仍沿用此名。

当然，作为芝加哥华人先驱的梅氏兄弟也不甘人后，1903年先后投资7万美元创立经营文英楼及颂英楼。如此大的投入资本也显示这两间餐馆的装潢足以与琼英楼和琼彩楼相抗衡。另一位1868年出生的广东人汤姆骆（Tom Lok），1881年先到旧金山，后到纽约学习饭店管理课程，并在世纪之交来到芝加哥，盘下南奇勒街349号的意大利餐馆，再于1916年将其转型为一间能容纳200人的大型华人杂烩餐厅Golden Pheasant Inn，成为20世纪20年代芝加哥城内最大的中餐馆；时至今日，仍称得上芝加哥城中最大的餐馆之一，真是了不起的成绩。20世纪30年代初，一间华人餐馆引芝加哥城中最著名的管弦乐队驻唱，并用无线电传播到各处，更是中餐馆的光辉史！①

① 张月庐《在美的华人餐馆及侍者》。

上面提到的琼彩楼，只说它装潢豪华，其余则语焉不详了。据《每周评论》记者明生的调查，它不仅堪称当时全美最大的杂碎馆，更重要的是它独特的历史渊源以及现时的经济地位："美国各都市必有杂碎馆。最大之杂碎馆当推芝加谷之琼彩楼。此楼本为保皇党之机关，闻昔康有为周游世界时抽纳各华侨血汗之资而成此楼。资本共美金十万元，每年之纯利约一二万元，闻去年之纯利凡万八千元。"①

芝加哥中餐馆内菜肴的供应，也是"内外有别"的：在唐人街内的中餐馆提供更为地道的中国菜以尽量满足华人的需要；在唐人街外的中餐馆因以非华人食客为主，提供中西混合的菜肴，如菲力牛排、杂烩炒饭和炒面等。一份20世纪30年代的餐馆指南就附列了中餐馆的主要供应及价格。如位于北奇勒街11号的Bamboo Inn主营粤菜，供应"AA"级菲力牛排（3美元）、炒鸡与腊肉（1.5美元）、牛肉杂烩炒饭或炒面（1.6美元）及鸡肉炒面（2美元）；地处伦道夫（Randolph）街75—85号的好世界则供应蛋卷（0.85美元）、煮菲力牛排（2.85美元）、鸡肉丝炒白菜（1.85美元）及炸鸡（1.45美元）；位于北叠尔邦街230号的粤菜馆南京饭店（Nankin Restaurant）则供应牛肉饭（1.35美元）、鸡肉杂锦炒面（南京特色菜，1.65美元）以及炸鸡（1.65美元）。虽曰简单，

① 明生《旅行杂感：二十、美洲之华侨》，《每周评论》1919年第32期。

但收入实在可观；城中250家中餐馆的年收入总额约1600万美元，相当于21世纪初的3.1亿美元。凭借这样的经济实力，芝加哥城中那些著名的中餐馆所打造的高调奢华环境成为那个时代之最，也就不足为奇了。①

需要指出的是，根据外交部公报的消息，1935年后，繁华的卡勒街因地处芝加哥城市中心，市面发达，房租日涨，扩充不易，20世纪初便在相对偏远之南华埠另建新中国街，包括永活街、舍麦路等。新建的中国街内，“华侨完全为广东籍”，但有家庭的则仅83家，而中餐馆倒迅速开出11家，真真的粤侨特色。②

在美国的七大都市唐人街（西雅图、旧金山、洛杉矶、芝加哥、波士顿、纽约及费城）中，费城的唐人街应该是最小的一个，虽然费城是美国第三大城市，但到民国后期，华侨也才800余人。费城唐人街虽然处在赛马（Race Street）第8街至第11街之间，但中餐馆的数量并不少，也有十余家。据留学生金永康1949年的观察，其中有一家叫“南华”的，老板姓李，是一个五十余岁发须斑白的老人，民国建立前即已到来。他有三子二女，都受过大学教育（在华侨群中这是超水准的）。他店里厨师、侍者和管账都是他的亲戚或子弟。老板自己在顾客多时还兼充侍者。他

① 令狐萍《芝加哥华人：19世纪70年代至20世纪30年代的跨国移民与商业活动》，《华侨华人历史研究》2013年第3期。

② 驻芝加哥总领事馆《芝加哥中国街概况》，《外交部公报》1935年第11期。

家教很严，儿子在课余或工作之余都被责令穿上号衣当侍者。他只会简单的英语，所以美国顾客大多由儿子们招待。因为出身穷苦，他养成了刻苦耐劳的习惯，这么大的年纪，自早上9点钟上班，一直工作到翌晨3点钟关门而不感到疲倦，包括生意清淡时帮茶役包馄饨或春卷，晚上亲自用算盘结账等。劳多而食少，他每餐吃饭老是一碗光面，只看见过一次他和两个儿子共餐时，吃了两菜一汤，但是，坊间却传说他是费城华侨中最富有的一个，简直令人难以置信。另一家饭店叫“顶好”，老板姓刘，已45岁，16岁那年随叔父来美。初来时在纽约一家饭店中当小侍，周薪仅15元。因为懂得积蓄，30年的奋斗使他成了小康的餐馆老板。他很爱国，说一待国内局势平靖之后，一定携家眷回国。且说受外国人的气也受够了，中国人应该在中国发展。[①]有着这种精神和情怀，无怪乎同盟会当年到美国各地的唐人街募款时，各大小中餐馆都纷纷解囊。

第五节 “唐人”“唐话”如何为海外粤侨专属

提到海外华人华侨，肯定会想到唐人街，也肯定会联想到其得名与唐朝有关。唐朝的强大，足资后来孤身海外、饱受欺凌的

① 金永康《费城的唐人街：美国通讯》,《西风》1949年第116期。

华人华侨以心理上的慰藉。其实，这里有一个从他称到自称的转换，即由他人称旅居其地的中国人为唐人到自称为唐人的转换，还有一个由指称所有中国人到逐渐特指广东人的转换。

由于技术上的原因，以及唐朝国力的强盛，气度的恢宏，中国人与海外联系的密切，从此才开启新篇，也就开始有见诸文献的海外中国人的“唐人”称谓。四裔以王朝之名呼中国之人，原属正常，如汉朝进称汉人，唐朝时自然称唐人。有意味的是，汉以后，汉人之称渐衰，唐以后，唐人之称却长久不息。如宋代不称宋人，仍称唐人；宋人赵汝适《诸蕃志》说到占城国的律令：“唐人被土人杀害，追杀偿死。”①朱彧的《萍洲可谈》，是根据他曾为官广州的父亲朱服的见闻撰集，故所说最为详赡：“汉威令行于西北，故西北呼中国为汉。唐威令行于东南，故蛮夷呼中国为唐。崇宁间，臣僚上言‘外国指中国为唐、汉，形于文书，乞并改为宋。谓如用唐装、汉法之类’，诏从之。”可是称宋之名，并未应诏而行，故朱彧又说：“北人过海外，是岁不还者，谓之‘住蕃’。诸蕃人至广州是岁不还者，是谓住唐。”②广州还隐然可以指代“大唐”了——这大概是广东人自称为唐人的开始吧。

元人汪大渊的《岛夷志略》有（在真腊，土人）“杀唐人则

① 赵汝适《诸蕃志校释》，中华书局1996年版，第8页。
② 朱彧《萍洲可谈》，中华书局1985年版，第19页。

死。唐人杀番人至死，亦重罚金，如无金，以卖身取赎”，但不用偿命。可见“唐人”地位尊贵。在勃泥，更是如此：“崇奉佛像唯严，尤敬爱唐人，醉也则扶之以归歇处。”[①]周达观《真腊风土记》也说：“往年土人最朴，见唐人颇加敬畏，呼之为佛，见则伏地顶礼。”只是“近亦有脱骗欺负唐人者矣，由去人之多故也”。[②]

到了明代，“唐人”开始指向闽广人。如黄省曾《西洋朝贡典录》曰：“其国人惟三等：回回人、唐人、土人。回回人皆诸番商之流寓者，唐人皆广漳泉人窜居者，服食俱美洁。”[③]明巩珍《西洋番国志》也说：“唐人皆中国广东及福建漳泉州下海者逃居于此。”[④]日本文献《大曲记》说：“有个名叫五峰［即王直］的从大唐来到平户津，住在现在的印山邸址修建的中国式房屋。他［指平户领主松浦隆信］利用了五峰，于是大唐商船来往不绝，甚至南蛮的黑船也开始驶来平户津，大唐和南蛮的珍品年年充斥，因而京都、堺港等各地商人，云集此地，人们称作西都。”[⑤]广东与日本往来最早也最密切，日本人往往称中国人为唐人，广东人之自称唐人，或与此有关。事实上也是这样，因为明代海禁防倭，广州较长时期内获得一口通商的地位，诸蕃诸国交道之人多为粤

① 汪大渊《岛夷志略校释》，中华书局1981年版，分见第69—70、148页。
② 周达观《真腊风土记校注》，中华书局1981年版，第147页。
③ 黄省曾《西洋朝贡典录》，清指海本。
④ 巩珍《西洋番国志》，清彭氏知圣道斋钞本。
⑤ 木宫泰彦《日中文化交流史》，商务印书馆1980年版，第618页。

人，其所呼唐人者，自然多是粤人。清印光任、张汝霖《澳门记略》所录万历间广东海道副使属下海防同知的一道“禁买人口”的禁令说：“凡新旧夷商不许收买唐人子女，倘有故违，举觉而占吝不法者，按名究追，仍治以罪。”[①]这里的唐人，显系指粤人了。

到了清代，一方面对这种唐人称谓开始做总结性的介绍，如《明史·外国·真腊传》：“唐人者，诸番呼华人之称也。凡海外诸国尽然。”[②]另一方面由于去唐日久，更纷纷点出其称唐人之由。如纳兰性德《渌水亭杂识》说：“日本，唐时始有人往彼，而居留者谓之‘大唐街’。”[③]王士禛《池北偶谈》卷二十一《汉人唐人秦人》条则说：“昔予在礼部，见四译进贡之使，或谓中国为汉人，或曰唐人。谓唐人者，如荷兰、暹罗诸国。盖自唐始通中国，故相沿云尔。”[④]陈伦炯《海国闻见录》也说：“外洋诸番以汉人呼唐人，因唐时始通故也。”[⑤]直到清季亦复如是。如薛福成《出使日记续刻》说：“光绪二十年甲午正月初九日记：暨唐衰乱，始罢遣唐使。盖自隋唐以后，日本礼仪文物，居然大备，得观光上国之力为多故。日本至今呼中国人为唐人云。”[⑥]

① 印光任、张汝霖《澳门记略》，广东高等教育出版社1988年版，第22页。
② 张廷玉等《明史》，中华书局1974年版，第8395页。
③ 纳兰性德《渌水亭杂识》卷一，昭代丛书本。
④ 王士禛《池北偶谈》，中华书局1987年版，第506页。
⑤ 陈伦炯《海国闻见录》，清艺海珠尘本。
⑥ 薛福成《出使日记续刻》卷九，清光绪二十四年刻本。

对于唐人与广东人的关联，广东人自己也在“努力”着。一方面，长期以来，广东孤悬岭外，中原每以蛮夷视之，而在广东民间话语中，颇有自外于中国内地的味道；早在十几二十年前，广东人便称韶关以北的所有中国人为“北佬”。但海外的广东人，为什么自称唐人，而非汉人，或者粤人，难道仅是在饱尝漂泊备受欺凌之中意淫盛唐以自慰？想来也不会这么简单；粤人向来有“顶硬上”的性格，其必渊源有自。特别是明亡之后，粤人抗清最烈，民间亦有天地会起于前，太平天国承于后，终至以广东人为首的革命党人终结清朝。太平天国失败，将士多有逋逃海外，其以唐人自称宜然；海外华侨多革命党徒及支持者，既举反清旗号，以唐人自称更其宜。所以，上海出版的《广州指南》便说：“广州方言：凡华皆称唐，洋曰番，如华洋曰唐番，华书曰唐书，洋书曰番书……凡非广东人皆曰外江獠，亦曰外江佬，洋人曰老番。”[①]从近澳门的中山坦洲等地流传下来的咸水歌中，我们也可发现，广东人早已自称为唐人了：

女唱：门口有坡摩啰莱，兄哥，唔声唔盛走埋来；[门口有坡莫下来，兄哥，你不要不声不响走进来]

男答：瓮菜落塘唔在引，姑妹，二家情愿使乜媒人。[蕹

---

① 吴兴慈航氏《广州指南》，新华书局1919年版，第215页。

菜落塘不需要教，姑妹，我们两家情愿了，哪用什么媒人]

女唱：番鬼识当唐人坐落，兄哥，哥歪二字赶哥兄台；[洋人说sit down华人说坐下，兄哥，goodbye，你快快走开——我要接待洋人了]

男答：番鬼花边唐人打印，姑妹，有心聊我莫向聊人。[洋人用花边银华人用碎银，姑妹，你真有心就谈我俩不要谈别人]

女唱：番鬼推车钱银世界，兄哥，无钱大缆搅唔埋；[洋人有钱能使鬼推车，兄哥，没钱是我们没办法搞到一块的]

男答：番鬼膺中厘戥秤，姑妹，当初唔肯莫应承。[洋人胸前好像画了钱印，姑妹，当初如果你不肯就不要答应]

女唱：番鬼洋烟唔可食，兄哥，食烟容易戒烟难；[洋人的鸦片烟不要吃，兄哥，吃烟容易戒烟难]

男答：番鬼洋烟从无炼，姑妹，丹心来共妹痴缠。[洋人的鸦片烟从来就不会沾，姑妹，我一片丹心只想跟你相厮守]

女唱：番鬼月头四个礼拜，兄哥，但逢礼拜要哥开嚟；[洋人每月四个礼拜天，兄哥，每逢礼拜天哥要离开]

男答：番鬼膺中未有打印，姑妹，送完番鬼去送唐人。[洋人胸前也没有写字，姑妹，送完洋人再送华人][①]

---

① 程美宝《水上人引水——16—19世纪澳门船民的海洋世界》，《学术研究》2010年第4期。

如果说南洋诸番闽广人杂，早期远赴欧美，则非粤人莫属，那是因为广州一口通商，可搭洋商便船。除了天主教会的教徒外，最早远赴欧美的，恐怕就是广州的陈佶官了，他是一位颇有名气的泥塑匠。“有些人说他的动机是因为好奇，另有些人则说是逃避债主”，他于1769年8月间搭乘东印度公司“侯宰顿号”船抵达英格兰，定居在伦敦市区诺佛克街的一家帽店里，继续他颇有销路的泥塑生意。①当然更多的是在外洋商船上服务的水手，利物浦等港口城市的唐人街，最初就是由广东水手建立起来的。在美国，1848年加州发现金矿，随后淘金华工蜂拥而至，但此前其地早有粤人之履迹，最典型的乃是厨师。1835年就有广东厨师被广州夷馆商人介绍到美国：“我已经把以下由你以前的买办介绍的4个中国人送到Sachem号上去了。他们分别是：Aluck厨师，据说是第一流的。每月10元。预付了一些工资给你的买办为他添置行装。从1835年1月25日算起，一年的薪水是120元。”另有一个叫Robert Bennet Forbes的商人，也将一个英文名叫Ashew的粤仆带到波士顿，为他妻子的表亲Copley Greene服务。②

因为是广东人，所以后来者观察到的唐人街或曰唐人城，自然也是“广州城”：“（三月初十日）己未晴。午后街游，其风景

① 陈国栋《东亚海域一千年：历史上的海洋中国与对外贸易》，山东画报出版社2006年版，第171页。

② 程美宝、刘志伟《18、19世纪广州洋人家庭里的中国佣人》，《史林》2004年第4期。

稍逊泰西，所有闾巷市廛，庙宇会馆，酒肆戏园，皆系华人布置，井井有条。其大街土人称为唐人城，远望之讶为羊城也。”[①]其实早在1868年宜垕随清政府第一个赴外使团——蒲安臣使团抵美时，第一印象就是广东人的唐人街：“三月初九日，至美国之金山口。入店，拟将息数日再行前进，缘在轮船遇大风，颠摇计二十余日，眩晕呕吐，首未离枕，饮食几绝，刻渐调养复元矣。金山为各国贸易总汇之区，中国广东人来此，贸易者不下数万，行店房宇，悉租自洋人，因而外国人呼之为唐人街。”[②]

即便多年之后，留学生等各色人等去到美国，唐人街似乎仍是广东人的天下，唐人、唐话之名继续为广东人所专享。如后为北大校长的著名历史学家蒋梦麟先生留学美国期间的一次唐话遭遇就足资说明：“有一次，我到一家杂货铺想买一些东西。但是我的广东话太蹩脚，没法使店员明白我要买的东西。只好拿一张纸把它写下来，旁边站着一位老太婆只晓得中国有许多不同的方言，却不晓得中国只有一种共同的文字，看了我写的文字大感惊奇，她问店里的人：这位唐人既然不能讲唐话（她指广东话），为什么他能写唐字呢？许多好奇的人围住我看。”[③]读之真是令人解颐。有留学生寄语国内，就特别强调粤语在海外的重要性：

① 张德彝《航海述奇·三述奇》卷六，稿本，1875年。
② 宜垕《初使泰西记》，光绪小方壶斋舆地丛钞本。
③ 蒋梦麟《西潮·新潮》，第90—91页。

“寄迹海外者，尤不可不熟习粤语，以吾侨长居国内，蓝青官话，似已十足，不知在美法，粤语于吾侨功用与英语等也。”[①]

孙寒冰（锡麒）教授1923年留学美国华盛顿大学时，发现西雅图约有三千左右华侨，全为广东人。他说：“彼等自称为唐人，凡不能讲广东话之中国人彼等即谓之非唐人，即非中国人之意云。”[②]同年留学科罗拉多大学的梁实秋，后来写了一篇《唐人自何处来》的文章，回忆初到异国他乡，举目无中华之亲，途经西雅图时，同行的孙清波一句“我方才到街上走了一趟，我发现满街上全是黄发碧眼的人，没有一个黄脸的中国人了”，竟惹得另一位同行的赵敏恒“哀从衷来，哇的一声大哭，趴在床上抽噎”；而在怀俄明州首府夏安火车站旁一小馆吃饭时，竟然得见“唐人”，并因这故乡情而获得免费招待，大慰乡思之苦：

> 我们刚吃过了饭，那位老者踱过来了。他从耳朵上取下半截长的一支铅笔，在一张报纸的边上写道：
>
> “唐人自何处来？”
>
> 果然，他是中国人，而且他也看出我们是中国人。他一定是广东台山来的老华侨。显然他不会说国语，大概是也不

---

① 小蘉《游学美利坚记》，《小说月报》1919年第9期。

② 孙锡麒《赴美杂记》，《民铎杂志》1923年第5期。

肯说英语，所以开始和我们书谈。

我接过了铅笔，写道："自中国来。"

他的眼睛瞪大了，而且脸上泛起一丝笑容。他继续写道："来此何为？"

我写道："读书。"

这下子，他眼睛瞪得更大了，他收敛起笑容，严肃的向我们翘起了他的大拇指，然后他又踱回到柜台后面他的座位上。

我们到柜台边去付账。他摇摇头、摆摆手，好像是不肯收费，他说了一句话好像是："统统是唐人呀！"

我们称谢之后刚要出门，他又喂喂的把我们喊住，从柜台下面拿出一把雪茄烟，送我们每人一支。

我回到车上，点燃了那支雪茄。在吞烟吐雾之中，我心里纳闷，这位老者为什么不收餐费？为什么奉送雪茄？大概他在夏安开个小餐馆，很久没看到中国人，很久没看到一群中国青年，更很久没看到来读书的中国青年人。我们的出现点燃了他的同胞之爱。事隔数十年，我不能忘记和我们作简短笔谈的那位唐人。[1]

① 梁实秋《梁实秋散文（三）》，中国广播电视出版社1989年版，第55—56页。

曾担任过国民党中宣部长和教育部长的程天放教授，晚年撰文回忆他1925至1926年在温哥华工作期间与华侨的相处，仍对广东人的“唐山”“唐人”观念念兹在兹：“因为办报和办党，就天天和侨胞在一起了。侨胞都来自广东的台山、新会、恩平、开平四个县，尤其以台山人为最多。我和他们接触多了，自然而然地懂了‘唐话’（侨胞自称是唐人，他们讲的话是唐话，叫祖国做唐山），可是讲起来还是生硬。”①

然而也有留学生对自己被与唐人街之唐人等量齐观而叫屈：

> 唐人街之华侨，皆系粤人，所煮之菜，全系粤菜，肴馔殊不适口，然在外国吃中国菜，觉得无味中另有一种滋味也。
>
> 中国人之在旧金山，常为美人所轻视，因美人见唐人街之中国人，如此如此，故说起中国人，则心中轻视之心，形于面上矣。余辈为中国政府所派送之学生，资格地位程度，毕竟高出唐人街之中国人数倍，但在平常之美人心中，亦看不起，一若与中国人为伍，是自失其身分也。②

其实，从梁实秋和程天放的记述里，我们还可以看出，唐人

① 程天放《美洲负笈》，《传记文学》1963年第2期。
② 白丁《旧金山琐谈（五）》。

唐话，也不能简单地指广东人广州话，还可以细分为广府人广州话唐话与四邑人台山话唐话。

即使到了21世纪，唐人唐话在美国仍有袅袅余音。时事评论员罗慰年说，他初到美国时，有次上餐馆，是一名来自越南的华侨带位，听他说普通话，竟很惊讶地问："怎么你不会说'唐话'呢？"因为中国人在海外，以"唐人"自居。中国话，就成了"唐话"。这位越南华侨所说的"唐话"，是指唐人街流行的粤语。因为那时作者的粤语不是很流利，脱口而出的自然是普通话。作者进一步发现，美国更早的"唐话"还不是粤语，而是台山话。因为20多年前，纽约曼哈顿有家银行叫National Republic Bank，中文称作"民铁吾共和银行"。对于这个中文翻译许多人感到一头雾水。原来，"民铁吾"是台山话对"Manhattan"的音译——就是普通话所称的"曼哈顿"。[①]由此可见广东人在海外的力量与渊源。

由于广东人开辟的历史，以及后来英国与香港的特殊关系，以至于有些英国人也把唐话——广东话当成了中国话。民国的风流人物张道藩所说的一则轶事，颇资说明。1919年11月下旬，他与40位同伴从上海启程赴法勤工俭学，航途中，船上每周有一次演讲。一次，一位在广东传教多年的英国牧师用纯熟的广东话做传教性质的演讲，发现有人不专心听，事后才知是因为许多人不

① 罗慰年《纽约"唐话"变迁史》，《新快报》2010年7月22日。

懂广东话——原来他把广东话当中国的国语了。[1]

从上面几则故事以及对“唐人”称谓和“唐话”使用的坚守上，我们也可以窥见海外广东人的家国情怀，尤其是对祖国强大与繁荣的期盼。由此也可以理解，为什么在近现代的历次革命和重要事件中，广东人要节衣缩食慷慨解囊倾力支持了；从某种意义上说，没有海外“唐人”，就没有孙中山的同盟会，也就难有后来的辛亥革命，中国社会大变革的发生就肯定会迟滞。同理，没有这些海外“唐人”，当代中国的改革开放，也许就没有那么顺利并取得伟大成就。“唐人”“唐话”史，堪称广东人的一部精神史，也堪称中国人的一部精神史。

① 张道藩《酸甜苦辣的回忆》,《传记文学》1962年第6期。

第二章　英国中餐：从水手馆到香港馆

本来，中英之间的往来，要远远早于中美之间；山茂召少校1784年率领“中国皇后号”首航广州，开启中美贸易的先河，乃是基于欧中贸易的厚利，但中英之间的饮食往事，反倒不如中美之间那么丰富多彩，特别是在二战期间，英国中餐馆的故事还有赖驻英美军的“添色加彩”。这其中的一个原因，恐怕是英国人对饮食的不重视。欧洲国家里，英国人的饮食就像英国人的言行一样刻板无味。林语堂先生就曾对英国的饮食大加贬损：

> 英国人不郑重其事地对待饮食，而把它看作一件随随便便的事情，这种危险的态度可以在他们的国民生活中找到证据。如果他们知道食物的滋味，他们语言中就会有表达这一含义的词语，英语中原本没有“cuisine”（烹饪）一词，他们只有“cooking”（烧煮）；他们原本没有恰当的词语去称呼“chef”（厨师），而是直截了当称之为“cook”（伙夫）；他

> 们原本也不说“menu”（菜肴），只是称之为“dishes”（盘装菜）；他们原本也没有一个词语可以用来称呼“gourmet”（美食家），就不客气地用童谣里的话称之为“Greedy Gut”（贪吃的肚子）。事实上，英国人并不承认他们自己有胃……英国人感兴趣的，是怎样保持身体的健康与结实，比如多吃点保卫尔（Bovril）牛肉汁，从而抵抗感冒的侵袭，并节省医药费。①

曾任《中央日报》驻伦敦特派员的名记徐钟珮也说：“英国根本无所谓烹调，随便什么蔬菜都是拿来白煮，我常说在英国当厨司要算天下最容易的职业，凡到过英国的，都知道英国菜的单调无味。但跨海过去，法国菜却是色香俱全，奥、匈、义一带的调味，和中国的颇相接近，为此若干伦敦菜馆，都标上‘大陆烹饪’，吸引顾主，连中国人开的西餐馆也不能例外。”英国的“大陆烹饪”也同样吸引中国人；伦敦新开法国餐馆，中国人都觉得有新闻价值，愿加以报道。②但是，英国特别是伦敦的中餐馆也有它的好处，一是风味正，二是情调正：“论烹饪，巴黎的中国馆子比伦敦的好，论风味，却是伦敦的比巴黎的道地，巴黎中国馆子，座位都依法国沙龙式，倚墙而设，和菜蔬俱来的，又常是一

① 林语堂《中国人》，学林出版社1994年版，第325页。
② 竹韶《伦敦新开法国饭馆》（照片），杭州《艺风》1935年第6期。

碟面包，总脱不了洋味。伦敦中国馆子多半是中外分坐，入席以后，四顾全是同胞，依稀身在故国，只有在瞥见侍者身上的一套燕尾服时，才恍然是在多礼的英伦。”①

第一节　从紫气轩到水手馆

一

或许正因为英国饮食文化的不彰，使中华饮食得以“乘虚而入”，写下可观的篇章；当然主要功劳，仍应归于广东人。由于一口通商的关系，广东人很早就践土英伦。据中山大学程美宝教授考证，早在1769年8月，即有一位广州陶塑匠搭船去到英国，并受到热烈欢迎。稍后，又有一位名译Whang Tong的人曾在1775年到访伦敦，并与英国的文士和科学家会面，还极有可能见过当时的英国皇家学会主席班克斯。当然还有一些不知名的小人物也到过英国。②再晚一点，1816年，冯亚生、冯亚学两个广东商人因其伯父任广东海关税收官，出于好奇搭船赴英，后又赴德登台表演二胡，受到普鲁士国王威廉一世接见，并入哈勒大学协助德国汉学创始人之一威廉·夏特研究汉语。③当然，此前已有国人因宗

① 徐钟珮《伦敦和我：（十七）中国菜馆》，《南京中央日报周刊》1948年第5期。
② 程美宝《“Whang Tong”的故事——在域外捡拾普通人的历史》，《史林》2003年第2期。
③ 李明欢《欧洲华侨华人史》，中国华侨出版社2002年版，第70页。

教信仰之故被传教士携往欧洲，又当别论。

鸦片战争之后，国门被冲开，去英国的广东人就更多了。除了水手外，求学留英者也越来越多，他们震惊于西洋人以坚船利炮为象征的先进科学技术，像晚清一代重臣张之洞在《劝学篇》所说“出洋一年，胜读西书五年”，“入外国学堂一年，胜于中国学堂三年”。在朝廷派遣官费留学生之前，不少广东人即因地利之便及认识之先，早就私费留学英国了。王韬1868年漫游至英国时，就写到他与留学生韦宝珊、黄咏清一同出游的情形。[①]1874年，广东新会人伍廷芳（秩庸）自费留学伦敦林肯律师学院，成为近代中国第一个法学博士，并考取大律师资格；1876年郭嵩焘出使英国时，曾努力罗致其至麾下做译员或随员，而伍氏颇有不屑，旋任清廷驻美领事。这在郭嵩焘的《伦敦与巴黎日记》及随使的广东人刘锡鸿的《英轺私记》中均有记载。伍氏后来成为著名外交家；辛亥革命后，他以南京临时政府外交总长的身份主持南北议和，最为人瞩目。

由于广东人开辟的历史，以及后来英国与香港的特殊关系，以至于有些英国人把广东话当成了中国话。前述张道藩的故事，就是很好的例子。他们一行在得知战后经济萧条、法国无工可勤后，其中七八人便转往英国。1920年1月9日到达伦敦提尔布勒码

① 王韬《漫游随录》，岳麓书社1985年版，第130页。

头，张道藩的老同学石瑛、吴筱朋、黄国梁、任凯便领带他们乘火车抵达伦敦市中心区，先带到一家广东人开的中国楼饭馆——颇有才到英国，又入广东的味道。①

或许最有“广东情怀”的，既不是居英的中国人，也不是旅英的中国人，而是一个地地道道的英国人——著名汉学家哈罗德·阿克顿（1904—1994，又译作艾克敦）。阿克顿祖上为意大利贵族，母亲为美国大亨之女，家产丰厚。②此公先在法国待了几年，吃惯了法国大菜，回到英国后，再也吃不惯英国饭了。怎么办？他想到了广东菜。“于是他雇了一个曾在温伯利一家中餐馆工作过的广州人宋重（Chong Sung）做自己的厨师。宋重随身带来了中国的餐具和一小罐茶叶、金橘、姜粉、数量惊人的小袋大米、粉条、荔枝、蘑菇和名贵草药、干货等食材。事实证明，宋重还能启发阿克顿的诗歌创作灵感，因为他做的饭菜味道一次比一次好……阿克顿说道：‘……我希望自己能成为完整的中国人。’宋重去世后，阿克顿在哀悼亡友时说：‘那古老的文明孕育出的出色的烹饪法不光能满足人们的食欲，而且还能启发人的智力。’”③

但是，更能彰显情怀、影响大众的，或莫过于赫德；是他，促成了英国第一家中餐馆的诞生。厦门大学的李明欢教授说：“伦

① 张道藩《酸甜苦辣的回忆》。
② 佚名《〈阿克顿与陈世骧〉之误》，《东方早报》2015年7月26日。
③ 约翰·安东尼·乔治·罗伯茨《东食西渐：西方人眼中的中国饮食文化》，第122页。

敦最早的中餐馆，可追溯到1884年在英国伦敦举行的为期半年的养生会上，中国开办临时的‘紫气轩’中餐馆。”[1]李明欢先生语焉不详的“紫气轩”中餐馆，正是由自1863年起即担任中国海关总税务司近半个世纪之久的英国人赫德（1835—1911）一手促成的；无论展台的布置、食材的供应，还是厨师的雇用等，都由他亲自安排，目的是要提升中餐馆的形象，改变英人的偏见，努力使其为主流英国人所接受，但保守固执的英国人还是不买账：

> 在英国人的印象中，中国的茶馆和餐馆除了就餐和喝茶的环境一样以外，其他的与现实情况毫无相似之处。如果我们把其中一个饭馆全方位地呈现在你面前，你就会对中国人的真实生活有一个清楚的了解。不过英国观光客们既不愿意在中国展区就餐，甚至也不愿意在那儿坐上一坐。鉴于此，展会组委会很快就要求我们从那里撤出去。[2]

但是，赫德却愿意与自己的同胞比“固执”——不懈改进：

> 赫德为中国饭店和茶馆拟订了一个计划，然后将饭店招

① 李明欢《欧洲华侨华人史》，第190页。
② 约翰·安东尼·乔治·罗伯茨《东食西渐：西方人眼中的中国饮食文化》，第109页。

牌送到伦敦，并从北京和广州招募了厨师。赫德在给他的伦敦代理商的信中要求为这些厨师安排膳食……这个中国餐馆在会展刚开始的时候营业了几周。1884年9月11日的菜单一部分是以法文写就的，这暗示着中餐和法国大餐一样制作精细。①

或许过犹不及，不断地改进，倒有失中餐馆的风味，遭到媒体嘲讽：

不过有些菜名有暗讽之嫌。菜谱如下：

冷盘：法兰克福香肠　橄榄油　炖燕窝　甲鱼汤　过桥菱鲆鱼　鹿肉鱼块　绍兴黄酒　豆奶冻　鸽肉卷夹心开心果　庄园小牛肉切片　鲨鱼鱼翅　饭团　橄榄榛子　拔丝苹果、果泥　波尔多莴笋沙拉　米兰风味中国粉丝　香草派　水果刨冰　坚果夹心饼干　咖啡奶油冰激凌　苹果蜜饯、桃子　绿色的坚果、葡萄柚。

伦敦期刊以奚落中餐馆取乐。《蓓尔街预算》（*the Pall Mall Budget*）在公布了整个菜单之后，首先建议饥饿的观光客可以放心地点一小浅碟炖燕窝，那东西很好吃。该杂志预测炖燕窝也许会自1884年起在英国流行开来。杂志还提到了海参，并暗示“英国公众将会发现这些海参馅饼没有想象中

① 约翰·安东尼·乔治·罗伯茨《东食西渐：西方人眼中的中国饮食文化》，第109页。

的那么难吃，它的味道很像海龟”。鱼翅是为那些勇敢者准备的。该杂志还向英国桂冠诗人阿尔佛雷德·丁尼生（Alfred Tennyson）男爵推荐莲子。该杂志虽然高度评价了价格昂贵的茶道，但还是将它比喻成中国管弦乐队为款待顾客而演奏的折磨人的音乐。

在整个夏季为健康展览会分期公布不卫生指南的《潘趣》（*Punch*）进一步嘲讽道，要价七先令六便士的所谓“驰名中餐”不过是中国人最赤裸裸的勒索。除了两三个手提茶壶的中国人外，其他的跑堂都是瑞士人、德国人或法国人。厨师是个法国人——他在北京生活了15年，足以忘记他的法国厨艺。开胃食品包括那不勒斯的橄榄和来自名城斯特拉斯堡或博洛尼亚的腊肠。如果人们事先不知道汤是中式的，他可能会以为是法国的清炖肉汤，有些人甚至会以为是甲鱼汤。吃到菜名花哨的美味鳟鱼，就会让人回想起皇家巴黎酒店而不是香港的饭店。主菜和甜点味道稍逊，每道菜之后上的绍兴酒看上去也不是地道的中国风味，将其烫热后用小茶盅盛上，喝起来是一种白葡萄酒与家具上光料和巧克力奶油的混合味道。[1]

英国人不买账也是有道理的。这种中餐馆，就好比一头被引

① 约翰·安东尼·乔治·罗伯茨《东食西渐：西方人眼中的中国饮食文化》，第109—110页。

进的搁在动物园里的动物，无论如何活得也没那么精彩。好的海外中餐馆，应该是从做给自己人吃开始，才能发展得更好，就像在美国。其实英国后来也是如此。

二

延至20世纪初叶，在欧洲各主要港口城市，相继出现了一批由华人开办的、以接待华人为主的旅店、客栈，即相关英文史料中的“chinese boardinghouse”、荷兰文史料中的“chineezen logement”，称为“华人水手馆”或“行船馆”。在阿姆斯特丹，自1912年开设第一家水手馆后，不到10年即增加到10余家，至1933年又增至29家。在法国马赛，20世纪20年代也还有水手馆的存在：“马赛有中国水手馆一所，常有失业水手十余人；有法邮船五只（来往上海马赛间者），计约有中国水手数百人。”[①]在英国，则集中在港口城市利物浦等地。英国人罗伯茨还认为，早在18世纪，少数中国船员即来到伦敦东部。到19世纪，小规模的中国社区已在伦敦、利物浦、格拉斯哥和加的夫等地相继建立。到19世纪80年代末，毗邻西印度码头的伦敦莱姆豪斯区已出现了中国杂货铺、餐馆和会所。在利物浦，一个相对较大的中国社区也在匹特大街及邻街建立起来了，还开设了店铺和小吃店。只是这些餐馆和小吃店主要服务中国船员、船坞工

① 唤醒《旅法华侨状况》,《南大与华侨》1925年第1期。

人和学生，没有记录表明有西方顾客光顾过这些餐馆，所以后来讨论英国中餐的起源时，往往被人忽略。①

华人初到英国的情形，与初到美国差不多，多单身无家，吃饭的问题不得不靠自己人开小饭馆解决，故唐人街内的小饭馆，味道便一直相对正宗。伦敦唐人街或华人聚居的东区，是没有大的中餐馆的，反之，在相对繁华的西区的中餐馆，则仿佛是美国版的豪华杂碎馆。至20世纪30年代，国人访英，所见仍是如此："中国饭馆在伦敦者有大者三四家，小者则须求之于唐人街。唐人街者，中国水手麇集之区也。……其地污秽不堪，药店杂货店，应有尽有。而饭馆之菜肴，则较饶中国味，因为此地之中国饭馆，始系真为中国人而设者也。"②

也许最初的小中餐馆，就像合伙做饭一般，不名于外，因此史家考证说："第一家正式的中餐馆开设于1908年，位于东伦敦中国人的聚居区。随后几年又陆陆续续在同一地区开张了三五家。它们均以面向中国船员为主，规模很小，而且十分简陋。到二三十年代时，在伦敦约有十数家此类低档次的中餐馆，其服务对象主要是当时在英国求学的中国留学生，以及少数属于英国社会下层的工人。"③虽是一家之言，但依然揭示了早期中餐馆的水

① 约翰·安东尼·乔治·罗伯茨《东食西渐：西方人眼中的中国饮食文化》，第108页。
② 余自明《英国留学生生活之断片录》，《现代学生》1933年第6期。
③ 李明欢《欧洲华侨华人史》，第195页。

手馆本质，而且显示出明显的延续性发展轨迹。

辛亥革命，华侨助力甚多。革命胜利，华侨民气一新，旅居海外者日众。美国排华，故旅英相对多些，特别兼有香港的渊源："自一九一二年至一九二〇年为华侨留英最发达之时期。华侨多居伦敦London利物浦Liverpool加尔的弗Cardiff，次为Staff Swindon Bristol，当时华侨人数，约一万左右；工界约占百分之九十，学界商界仅占百分之十而已。""食客"频至，许多新的中餐馆便渐次开了出来。但是好景不长，十年之间，随着第一次世界大战结束，欧洲经济凋敝，工作机会减少，后又发生第一次全球经济危机，所以华侨之人数，又渐趋减少。[①]邹韬奋1933年的访英观察也证明了这一点：

> 在十年前，旅英的华侨至少在一万人以上（听说在世界大战时达一万五千人），但是最近已减到三千人左右了。在英的华侨，大多数在轮船上做水手或火夫，这种苦工作，在经济繁荣时代的英国人多不愿干，所以肯吃苦的"支那人"要得到这样的机会并不难。……
>
> 旅英的华侨以伦敦及利物浦两地为最多。在利物浦的约有三百八十人，其中约一百八十人是水手和火夫，其余除少

① 莫耀《旅英华侨杂述》，《华侨半月刊》1932年第6期。

数小商人外（开杂货店），多业洗衣作，在前面“利物浦”一节中已略有述及。在伦敦的约有四百五十余人，可算是在英华侨的大本营。其中有两百人是水手和火夫，失业者已达一百五十人；在中国菜馆（伦敦有四家）做厨子或侍者等有百人左右，在英国菜馆当厨子或侍者等，原也有百人，现在失业的也有四十人了；此外在东伦敦开小商店做中国人生意的约有五十人。

邹韬奋还说，伦敦的中国菜馆集中在东伦敦边上的中国城，而所谓“中国城”，不过是有几条街里面中国人特别多些罢了。“记者到东伦敦去观光时，也到侨胞麇集的区域去看看，差不多都是广东人；最显著的是中国药材铺、中国杂货店，里面有种种中国的土货。”[①]这里边一方面仍显示着水手馆的痕迹，另一方面，也进一步说明英国中餐馆的广东特质。

总而言之，到此际，无论豪华的中餐馆，还是私家的中国厨师，中国菜或者说广东菜，在英国的地位已经牢牢地确立起来，渐渐进入豪华的大中餐馆时代了——水手馆则渐渐成为被人们淡忘的陈迹。

---

① 邹韬奋《萍踪寄语（初集）》，生活·读书·新知三联书店1987年版，第145—146页。

第二节　从水手馆到探花楼

邹韬奋笔下的伦敦中国城，足资表征的还是中餐馆，特别是那些高档的中餐馆："华侨中开菜馆的已算是顶括括的阔人了！东伦敦华侨里面有一位名张朝的，在伦敦开了三十年的菜馆，现在算是东伦敦华侨的'拿摩温'（Number One，第一号）的领袖！"[1]这张朝创办的，当是杏花楼中餐馆；有说杏花楼是伦敦最老的中餐馆，也是说得过去的。有意思的是，上海最老的粤菜馆，也叫杏花楼，始创于1851年，至今仍赫赫有名。而最初，杏花楼应当也无异于水手馆。其实，后来作为法国中餐馆标杆的万花楼和英国中餐馆标杆的探花楼，均起自英国的水手馆：

> 巴黎最大中国饭馆之万花楼，营业极为兴隆。据知万花楼历史者云，是楼创自一千九百十九年，时值欧战之后，英美士女，至法参观战场者，年以百万计。英美人在本国，本喜华装，既抵法一尝远东风味，尤为旅中乐事。法人视性尤好奇，闻风纷至，是万花楼之名，遂遍扬于欧美。初创时，资本仅二十万佛郎，今每年所获净利，亦逾万百，实海外华商中之具有创造精神者。该楼经理张南，原籍广东宝安，二十年前，受

① 邹韬奋《萍踪寄语（初集）》，第147页。

英轮雇用为水手，积微资，则在轮中为水手包饭食，数载后，偕其弟张才至英京，开一中国餐馆，规模甚小。今伦敦之探花楼、翠花楼，皆张氏兄弟手创，距今仅十余年，资本俱各在百万元以上矣。[①]

此探花楼，实应为杏花楼，探花楼当别是一家，同样大有名于时。郭子雄（笔名华五）先生说："牛津街最华贵的杏花楼，本是伦敦的第一家中国饭馆，顾主几全为外人，穷学生是不大去得起的。一九二九年的冬季，听说杏花楼老板被人告发贩卖鸦片烟及作其他不正当营业，警察厅强迫他关门，单是房金一项损失便有一万八千镑。一时中国同学们都叹气，觉得这样大一家饭馆停业的可惜。终于因为知道杏花楼的人不多，现今走过牛津街的同学能有几个指出当年杏花楼的所在？"[②]这杏花楼，即上述的探花楼；至于其老板张朝、张才或张南，应该是时人听音记名之歧误。至于杏花楼触霉头关张的事，当时不仅震动英国侨界，连国民党中央侨委都甚关切，积极会商英方：

前接英京全体华侨电，称旅英京侨商张才，被英内部无

---

① 佚名《万花楼》，《东省经济月刊》1929年第3期。
② 华五《伦敦素描：（四）中国饭馆》，《宇宙风》1936年第9期。

理封闭所开杏花楼，并限日出境一节，当经电请外交部迅电驻英施公使切实交涉在案，旋准该部感电开个电悉［此处难解，或编校之误］，查此案前据驻英代办呈报，即令据理交涉，嗣准中央秘书处及组织部先后来函，并据该代办呈报英京巡警法庭判决罚款准予上诉，复经分别将判决书原文钞送秘书处及组织部，并令该代办及施使继续切实抗争。各在案准电，前因已再电该使遵照迭令切商办理特复等由，兹又准该部函开伦敦侨商张才公司被封驱逐出境一案以前办理情形，业经电达在案。兹据驻英公使电称，经商准英政府撤销递解回国命令，准其自由离英。本人两次来馆道谢表示称意等情，相应函达，查照为荷……此致驻伦敦支部

中央侨务委员会

中华民国十九年一月二十日[1]

罗伯茨说："伦敦市的第一家中餐馆据说是1908年在市中心开张的。但在伦敦繁华街道皮卡迪利大街，于1923年开张的昙花楼饭店却声称自己不但是伦敦的第一家中餐馆，而且也是欧洲的第一家中餐馆。"[2]这里面肯定有问题，1923年怎么可能是最早的

①《函驻伦敦支部为旅英京侨商张才被英内部无理封闭所开杏花楼并限日出境一案，准外交部函复办理情形，请转该侨知照》，《中央侨务月刊》1930年第5/6期。

② 约翰·安东尼·乔治·罗伯茨《东食西渐：西方人眼中的中国饮食文化》，第122页。

呢？应当是翻译的问题；昙花楼即探花楼，则庶几可通。

探花楼是很成功的。郭子雄说："壁卡底里的探花楼，排场很大，穷学生是不去的。"由于经营成功，得以在临近的华杜尔街开设新探花楼，而且排场更大："下层可跳舞，价钱较贵。上层则颇合学生们的需要。""到新探花楼吃饭的，不仅是中国人，暹罗人也常来，不尽的东方情调。"[①]由于杏花楼的关张，探花楼风头更盛，一时成为各方瞩目及交际的中心；中国著名影后胡蝶1935年访欧抵英时，就曾履席于此，并会见了同籍广东的好莱坞第一位华裔女明星黄柳霜："当日的茶会中，黄柳霜女士也在座。当中一位马太太给我们介绍。黄女士身材很高大，面擦黄粉，唇涂得很红。穿的是一件五色斑斓，袖子很阔的衣服。头戴一顶红黑色的草帽（帽子的式样是和满清的兵士所戴的一样），我们见面之后，我便用广州话和她说了几句应酬的话，随后再和她说时，她大概广州话不大会多说，只会说台山的土语，所以大家便没有细谈下去。第二天在探花楼吃中饭。又遇见了在巴黎时也遇见到的那位姓李的先生和他的夫人及戚属等。这位李先生不仅是广东人，而且也是鹤山县，和我也是同县。"[②]

探花楼还常常充作外交礼宾之用。据晶清的《说吃》："正

① 华五《伦敦素描：（四）中国饭馆》。

② 胡蝶《欧游杂记》，上海良友图书公司1935年版，第97页。胡蝶1935年3月28日从上海出发，7月8日回到上海。

式宴客或有男女外宾随同时，他们会到探花楼去，饭馆的设备既华丽，而身穿礼服的堂倌们又十分神气，在音乐演奏中开香槟，嚼鱼翅，喝燕窝汤，说起来虽然有些不调和，但也就很够排场了。”[①]民国末年驻英大使郑天锡，应该时时光顾探花楼，因为早年负笈英伦时，曾运用所学的法律知识帮了探花楼一个大忙。探花楼位于当时伦敦西区最繁华的闹市中心，很多商店都租用沿路墙壁装置广告牌，这使得临街的墙壁租价高昂。探花楼照例出租，却引起房东反对。郑天锡应餐馆之请，援引英国的法律和餐馆与房东签订的租约，向房东交涉力争，最终获胜。[②]

新老探花楼，一般的观察自然是新的好。仓圣也是，不过他认为新探花楼的好不在其簇新与豪华，而是他们的服务更接地气，更出乎意料地价廉物美：“我在伦敦的中国菜馆，差不多常常到那Piccadilly华度街Wardour street的新探花楼的。那边中国人吃的特别多，而且对于我们自己中国同胞也非常的优待。那里有公司菜，大概一个先令九便士一客的，已有一汤二炒，白饭尽量吃饱，还有一壶很好的雨前；比五个先令一客的西菜，质量都来得丰富。我初到伦敦时，不幸跑到了一家叫探花楼的，也在Piccadilly，与新探花楼是一个东家开设的。那边没有公司菜，只

① 晶清《说吃》，《新中华》1935年第20期。
② 祈怀高《民国最后的驻英大使郑天锡》，《世界知识》2009年11期。

有点菜，吃一客蛋炒饭，一盆叉烧，一碗肉片汤，非五先令不够。后来去了几次，才晓得这新探花楼；所以以后在生活程度很高的伦敦市中，我便找到这一所价廉物美的充饥的食堂。”[①]这可称得上是国人对伦敦中餐馆的最好的评价了。

第三节　走向杂碎

在中国人看来，杂碎就是忽悠美国人的玩意儿，法国就不兴，而英国却也只配杂碎，尽管有那么高档的杏花楼、探花楼。

朱自清先生1932年访问英国，后来在一篇文章中颇比较了一番英法饮食的高下：

提到欧洲的吃喝，谁总会想到巴黎，伦敦是算不上的。不用说别的，就说煎山药蛋吧。法国的切成小骨牌块儿，黄争争的，油汪汪的，香喷喷的；英国的“条儿”（chip）却半黄半黑，不冷不热，干干儿的什么味也没有，只可以当饱罢了。再说英国饭吃来吃去，主菜无非是煎炸牛肉排羊排骨，配上两样素菜；记得在一个人家住过四个月，只吃过一回煎小牛肝儿，算是新花样。可是菜做得简单，也有好处；材料

① 仓圣《欧行杂记：（二十一）伦敦生活（续）》，《人言周刊》1935年第26期。

> 坏容易见出，象大陆上厨子将坏东西做成好样子，在英国是不会的。大约他们自己也觉得腻味，所以一九二六那一年有一位华衣脱女士（E. White）组织了一个英国民间烹调社，搜救各市各乡的食谱，想给英国菜换点儿花样，让它好吃些。一九三一年十二月烹调社开了一回晚餐会，从十八世纪以来的食谱中选了五样菜（汤和点心在内），据说是又好吃，又不费事。这时候正是英国的国货年，所以报纸上颇为揄扬一番。可是，现代欧洲的风气，吃饭要少要快，那些陈年的老古董，怕总有些不合时宜吧。①

所以，凭英国人这份饮食品位，就是只配吃杂碎的命。徐钟珮说的一个故事，最能反映这一点。她说，英国外相贝文，常去伦敦中国饭店用餐，但始终不会认读中国菜单。一天和我国大使郑天锡见面，谈起中国菜，贝文就说你们有一道菜味道非常好，非鸡非肉非鸭，他只知道是“第八号”；中国菜馆为怕外国顾客记录菜名麻烦，常把菜单编好号码，由侍者帮着解释某一号是什么菜，如果顾主碰巧吃到一道合他胃口的，他不必记菜名，只要记好号码，下次进门一说号码，侍者就知道是哪一道菜了。郑大使精于烹饪，听了贝文的描写（述），即胸有成竹地约他下次到大使

① 朱自清《欧游杂记》，生活·读书·新知三联书店1983年版，第155—156页。

馆吃“第八号”。异日贝文应约前往，一碟菜端上来，立刻便认出正是他心爱的“第八号”——原来是一盘杂碎。[①]堂堂外相，本可以锦衣玉食，奈何唯杂碎是嗜！这个故事应当十分真实，因为此际，徐钟珮正以中央日报特派记者身份派驻伦敦，而其夫朱抚松则是国民党中央宣传部驻伦敦办事处主任，如此身份，岂作虚语。

要说略有虚语的，恐怕是郑天锡这位国民党最后一任驻英大使的饮食背景，不只精于烹饪这么简单，因为他还是来自杂碎的故乡——广东省的香山县，而且对英国尤其是伦敦的中餐业的发展深有体认。他1907年即留学英伦，并于1916年获得伦敦大学法学博士学位。他的老乡、曾任美国共和党亚裔总党部主席、美国华侨进出口商会创会名誉会长的陈本昌博士则说他还以孔孟之道——“食色性也”——自持，所著《食论》风行英美；坐而论道，起而行之，烹饪之技，也久享外交界。其烹制鳝鱼羹的特技，在任海牙国际法庭法官时，就每试身手以飨贵宾。及任中国驻英大使后，虽然公务甚忙，难起雅兴，再则身为大使，也不屑作庖了，但仍曾三献身手：“一次是招待克里斯浦夫人，克夫人为援华会主席，对我国关切备致，郑大使乃首次破戒，第二次为招待拉斯基教授，拉氏为郑大使昔年在牛津同学，风雨联床，遂有此雅兴，第三次是招待英首相艾德里，郑大使乃特制此馔表示

① 徐钟珮《伦敦和我：（十七）中国菜馆》。

亲切，英伦坛坫间，恒以此为佳话焉。”[①]因为技痒，到晚年还亲自下厨宴客，更属佳话。所以当他1970年在伦敦去世时，陈本昌敬挽一联曰：“才气纵横如万马，砧坛制胜似千军。”[②]

徐钟珮还说，杂碎有如炒什锦，英国人最欣赏，伦敦的一家中国馆子，干脆就取名“杂碎”，有如美国唐人街外中餐馆的高悬“杂碎”的招牌。其实在英国的中国菜，可以说每碟都是杂碎。可怜中国菜馆，在伦敦虽负盛名，和国内菜馆相较，真不知相差凡几：那里中国菜馆的厨师，大半不是科班出身，而是中途改行；有的过去本来是水手，因厌倦海上生活，加以开饭馆有利可图，脱离舱房改入厨房，对烹饪一道，根本未精，只是依样葫芦，随便凑几色小菜而已。在中国菜馆，最具中国风味的豆芽菜，汤面、炒菜、春卷里全放豆芽，有时一碟炒面端来，甚至豆芽多于面条。一个侍者告诉她：“有些洋人，假充中国通，装腔作势地要点竹笋，问他竹笋是什么样子也说不上来，逢到这种场合，我们常把豆芽上去应景，洋人吃着，还直嚷好吃，好吃。”[③]英国人不讲究吃，为此以吃来估计生活水准的中国侍者最瞧不起外国顾主，尤其是那些冒充中国通的外国顾主。她的几位外国朋友常到中国馆子去，他们提起中国菜馆的侍役就摇头，总说他们太不客气，不

① 半解《驻英大使郑天锡擅调羹汤！》，《海潮周报》1947年第53期。
② 陈本昌《美国华侨餐馆工业》，第236页。
③ 徐钟珮《伦敦和我：（十七）中国菜馆》。

肯好好招呼客人，不肯为客人解释这一道菜到底是什么东西。

英国人的嗜好杂碎，与美国人的影响或有关系。徐钟珮说，在二战期间，驻扎在英国的美国士兵，有的是钱，常带女友上中国馆子，一家名叫香港楼的中国菜馆，单是衣帽间的收入，一周就有一百多镑（即四百多美元）。仿佛在伦敦开菜馆的中国人都发了大财，引得在美国的华人也跑到英国去开杂碎馆，更增杂碎的人气："利安饭店的主人利安，是美国华侨，在好莱坞曾当过电影明星，退出影界后，来伦敦开设饭店。他饭店里挂上宫灯，装上屏风，茶几上一只只中国花瓶，倒是十足的中国打扮。壁上悬满明星们的照片，都有明星自己的签字，他的馆子，主要的主顾是电影界中人，常有明星去用餐。"①

国人对英国杂碎味感观感如何呢？基本是上贵而无味："所食无非烧卖炖肉之类，说不上四川味广东味，然而所费已不赀矣。"②但回过头来一想，在英国这么一个不重饮食的国家，能有杂碎吃，已经很美了："凡赴英伦者，辄以不惯其饮食为苦，尚幸伦敦利物浦等处，有华侨开设之中菜馆，故国人之至其地者，必前往裹腹，以一换口味为快，所煮馔肴，虽不及国内菜馆，而别有风味，尤以杂碎为甚，所谓杂碎者，乃炒什景而已。"③如果

① 徐钟珮《伦敦和我：（十七）中国菜馆》。

② 余自明《英国留学生生活之断片录》。

③ 王弼《英伦杂碎》，《染织纺周刊》1939年第7期。

中国人都觉得美，那老外更会大拇指翘得比手臂长："这里［剑桥］也有一家中国饭馆'兰谷仓'。老板是英国人，厨子是广东人，摆桌的常说上海话。他们只有两样菜：杂烩和鸡丝炒面。另外的特色是高腿板凳。每晚都挤满了主顾——印度人、英国人和患乡思的中国人。前天，往外走时一个德国人对我说：'贵国的饭菜可真名不虚传！'"[①]这家兰谷仓，应是英国饮食研究著作中提到的"蓝仓"："剑桥有一家美籍华人于1938年开的蓝仓中餐馆，规模不大，只提供三种食物：炒杂碎、炒面和炒饭。那里的炒杂碎就是茄汁肉末炖白菜。由于蓝仓中餐馆饭菜品种丰盛，且价格与剑桥大学的饭菜价格不相上下，所以很受学生们的欢迎。"[②]如此陋劣的出品，在中国恐怕连小吃店的水准都达不到。

但是，在二战中后期以及战后，因为物资供应等的种种紧张，连杂碎都做不出吃不上的时候，如徐钟珮所述，你就会更感到杂碎之美：

> 在伦敦开设饭馆真非易事，粮食的配给是使你混身解数无法施展，更加以粒米全无。偶尔能在中国馆子吃到那些腐乳、粉丝、虾米、豆豉，都是索价奇昂。记得我在那里买过几

① 萧乾《海外行踪》，东方出版社2006年版，第46页。
② 约翰·安东尼·乔治·罗伯茨《东食西渐：西方人眼中的中国饮食文化》，第123页。

次酱油，一瓶要一镑（即四元美金），粉丝一扎要半镑（即两块美金）。

道地的中国菜，像鱿鱼、咸鱼、虾米、腊肉等都是从利物浦运来。利物浦是靠海港口，容易搜罗这些东西，中国水手也常从各地带些这种家乡风味来卖给当地华侨。

菜馆最苦的是无油可供炒菜，在伦敦，一人一周才一两猪油，济得什么事？他们大半到美国去寄猪油或花生油来填补，否则无油无米，根本无以饷客。

有些中国菜馆老板，特别的到香港去带麻菇、甘贝。普通每客每餐也依限价是五个先令，但是中国人去，可以通融。在我在英期间，如想有饭吃，每客要十五先令（即三块美金），还是领了主人天大人情。

要补充说明的是，英国黑市也有米卖，贵极，每镑五先令，米也不算好。利安饭店的老板利安，就曾为买黑市米给警察局罚过钱；在法庭上，利安侃侃而谈，他的所以违法，是基于人道主义，他手下的中国侍者，因无饭吃，闹得脸黄皮瘦，奄奄一息，为此他才冒险买米，实在并非图利。①

可是，谭纳西的观察，却颇异于徐钟珮。虽然他也认为中国

① 徐钟珮《伦敦和我：（十七）中国菜馆》。

饭馆的菜不好，——“说到菜上来，那就未免差劲”，但也承认广东菜本应是好的，只是食材和调味品难得所致——“广东菜虽然好，可是在战时和战后的英国，材料来源困难，黑市也不能样样买到。特别是有若干调味品，在英国无从想法买，甚至自己做也困难。有了这些不便，菜肴的将陋就简，也就用不着非难。”所不同的是，在谭纳西看来，中国餐馆的味道尽管不好，生意却并不难做，可谓趁机大发国难财：

> 中国饭馆做黑市生意，似乎是公开的秘密。英国在战时和战后，无论那行那业，绝少有黑市的现象，可是中国饭馆就有大做黑市的本领，比如在战时的规定，英国政府规定每个人的菜价不能超过五先令（合一元美金），但中国饭馆的真正中国菜，起码就得十个先令，最高到二十先令（包括菜汤和饭）。至于卖给普通外国人的杂碎面饭，虽然也只卖五先令，可是其质的恶劣，在中国人看来，实在不能下咽。
>
> 在英国吃肉难，吃鸡蛋难，吃米饭难的时期中，中国饭馆可以吃到大量的肉，大量的鸡蛋，大量的米饭，这不能不算是一种奇迹。中国饭馆老板赚了大钱，对于他们的生财之道，局外人除了叹服外，似乎无话可说。

因此，他观察到的中国饭馆的数量，以及两家有代表性的中国饭馆的排场，都十分可观："中国饭馆在伦敦大小有三十家左右，可是为中国人自己所欣赏的，只有上海楼和大世界两家。上海楼布置得异常雅致，两三间大小雅座和大厅间，满壁名家书画，几幅山水人物的湘绣，东方文化的情调极其浓厚，就凭这一些玩意，也可以招徕西洋顾主，和安慰祖国去英的官商学生。大世界除了书画而外，还有壁上油画的中国的各地风光，也别开生面。至于瓷器的杯盘碗盏，象牙筷子，更比国内一般饭馆还要精致。"[①]

第四节　南京楼、上海楼……都是广东楼

早期海外广东人开的中餐馆，取名多具广东特色，如杏花楼、探花楼、万花楼等，到后来，开出许多以内地名城命名的上海楼、南京楼等，其实也基本上是广东人所开。之所以这样命名，大约因为民国以后，唐人街外的中餐馆所在的繁华之地，多了许多的留学生和华人政学人士。这些人渐渐地成为重要的生意对象，而这些人多半不是广东人；在中国，广东人毕竟只是一省之数。

英国人固好杂碎，但总的来讲不好吃，如徐钟珮说，待到战后去伦敦时，美国士兵绝迹，中国菜馆生意便大受影响。因此，英国的杂碎馆，便不会像美国那样泛滥，发展几十年，也就那么

① 谭纳西《环游忆语：伦敦报馆街、中国饭馆在伦敦》，《南京中央日报周刊》1947年第10期。

几家；也不像巴黎那样杂糅，几乎是广东馆独沽一味：“伦敦的中国菜馆，以广帮为最多，北方和苏式馆子绝少，以探花楼为最老，上海楼、香港楼、大世界生意最兴隆。也许因为配给和人力关系，绝无有类三六九的小吃店。”[①]

新牛津街附近还有华英楼，也很有广东风格和广东品格。这是郭子雄先生留英在伦敦第一次吃饭的地方。它的老板是一个广东人，据说他最初在另外一家中国饭馆当仆役，后来挣了几个钱，便独自开了这家饭馆，他的老婆便是他从前充当仆役时的同事，而且从后文的叙述看，应该是个英国女子。而彰显风范的正是他的洋老婆：

> 这位老板娘已经有了三十来岁的年纪，戴着一副小眼镜，态度很和霭，同学中有时受了感冒，她便给你配一点药吃，倒很灵验。
>
> 后来华英楼的老板，将生意让出，带着老婆同两个小孩回到广东去了。老板娘在临走前对人说：“我的丈夫是中国人，我要做中国人，我的儿子得做中国人，读中国书，像你们一样，将来为国家做事。我不能长做在这儿，让儿子生长在这儿，使他们长大时，英国人不承认他们是英国人，中国

① 徐钟珮《伦敦和我：（十七）中国菜馆》。

人不承认他们是中国人。为了他们，我们回到中国去，中国是我们的国家，是么？”①

对伦敦中餐馆有详细观察和描述的郭子雄先生，继续讲述的是南京楼、顺东楼、上海楼的故事：“华英楼换了老板后，我便不常去了，却转到丹麦街的南京楼去吃饭。”②南京楼之后是新卜吨街顺东楼，顺东楼之后是上海楼。仿佛是为了追求故事一般，而上海楼真有故事：

上海楼能够吸引人，它的吸引力不在菜饭，不在茶与酒，而在一个意大利侍女。这侍女是一个矮小的姑娘，动人处在于她的黑的头发与黑的眼睛，还有唇边的笑与红。除了以纯粹吃饭为目的人外，凡是到上海楼去的人，没有一个人不盯她两眼，甚至于许多眼，直到她笑了为止。

这意大利侍女最初来到伦敦，举眼没有一个亲人，终日在街头闲踱，徘徊着想寻找一条生的路径。破旧的衣服里是饿的肚子，饿的肚子里是一颗跳动的心。从疲乏的神情中，表现出的是少女们不常有的美与诱惑，但是伦敦城来来往往的过路人没有一个有眼睛来看出她的美，幸得我们中国人中

①② 华五《伦敦素描：(四)中国饭馆》。

有一个老袭认出了她是一朵花。老袭既然发现了她的美，便从尘灰里揭开她的真容，再介绍给上海楼的老板做侍女，她自然乐得有了一个归宿，不再遭受日晒风吹雨淋。人，照情理说，总是知道感激的，投桃报李的礼节更是古今中外人所同具，老袭不算白费了一番心力，上海楼也同样的获得了感应。华侨学生中有几个有钱的常常来吃饭，不管风，雨，雾是怎样的大，路是怎样的湿。

有一年，从大西洋的那一边，来了一个童博士，金丝的眼镜，光亮的头发，处处表现着他是最出色的青年。童博士常到上海楼去吃饭，正如许多的人一样，他用眼盯着侍女，也同许多的人一样。可惜他到伦敦太迟，没有在街头发现这位意大利的女郎，却在她的成名后，一番的心力送进了虚空。几月后，童博士去了巴黎，在酒绿灯红中，还忘不了这一度幻灭，便写了一封信给上海楼老板，说是侍女用了他的钱没还，应得将她的职务开除。老板看了信，是微微的一笑，接着把信公开给中国人看，幽默的说着："谁叫他做瘟生？"①

晶清的《说吃》也写到了上海楼等："阔少们，腰缠颇富的寓公和商人，大使馆的大小外交官，他们才是这几家饭馆的主

① 华五《伦敦素描：（四）中国饭馆》。

顾。随便小吃的时候，就到上海楼或顺东楼等处，正式宴客或有男女外宾随同时，他们会到探花楼去，饭馆的设备既华丽，而身穿礼服的堂倌们又十分神气，在音乐演奏中开香槟，嚼鱼翅，喝燕窝汤，说起来虽然有些不调和，但也就很够排场了。”[①]

徐钟珮对上海楼的情有独钟，更形关注；她在《伦敦和我：（十七）中国菜馆》中写道：“我最喜爱的一家馆子是上海楼，上海楼开在希腊街，由一位中英混血种的小姐主持。这馆子原是一位中国人所开，他娶了一位英国太太，儿女成群，临终时把这一生经营托了大小姐经管，大小姐也不负所托，把它经营得蒸蒸日上。我想我之所以喜爱上海楼，第一因为它环境清幽，但最大的原因，是因为它有两色菜是道地中国做法，一只是香肠，一只是豆腐，偶而也能在那里吃到粉丝汤。后来我们和大姐相熟，她常在我们的谢声中，端出一碟腐乳来给我们佐餐。”

又有人说，法娃更有风情，资格也更老：

> 伦敦的中国村里面，有一家资格最老的中国菜馆，他的名称叫“法娃”，FAFA，凡是到过伦敦的中国人，不论是一个留学生，小工，以及政府的大员，或者特派的代表，决没有不曾到过法娃的，而且他们到过之后，都使他们念念不忘。

① 晶清《说吃》。

法娃的老板是一个山东老粗，现在算起来总有六十多岁了，他十几岁就到伦敦，华侨的资格，已经是四十多年了，因为在外国住得久了，当然也沾染了英国绅士的派头，虽然他每天要在厨房里掌灶，但是他的西装是非常整洁的，娇艳的领带，一天也要换上几次。

这个糟老头儿尽管表现出十足的英国绅士型，但是本国的同胞也未必对他有什么好感，法娃的所以能够生涯鼎盛，因为他有着一块活招牌，这活招牌便是山东佬的女儿。

这位小姐出落得确乎美丽，在英国找不出第二个像那么好看的华侨女儿，她在店里招待客人，客人来吃“法娃”，吃的不是“法娃”的菜，却是醉翁之意不在酒，所以尽管你烧出来的是没有味道的青菜豆腐等，吃的人也是津津有味的。

在午晚两次吃饭时间，你要到法娃去吃饭，情形也与排队挤电车差不多，许多许多的中国海外官吏，平常的官架子是搭得十足的，一到法娃，瞧见了这位“跑堂之花”，便像日本见了原子炸弹，一切都表示投降屈服了。有的吃了一汤，再吃了几个菜，肚皮是饱得不能再饱了，但是他不肯走，想多同她缠一回，重新再来，吃汤吃菜，吃得回去生胃病，他也甘心。

据伦敦回国的人谈起，这位美丽的堂倌，已经嫁了一个英国的商人，但是到现在为止她仍旧在她爹爹的店里服务，充一块临时的活招牌。[1]

突然冒出个法娃，未免让人诧异，而且号称“资格最老”，更让人诧异，因为谁都知道探花楼等资格比它老。而当我们找到另一条材料后，始释然——原来它是一家中国人经营的西餐馆：

> “法娃”是一家中国人开的西餐馆，老板姓张，从他讲的英文里边可以听出地道的山东腔来。今年五十多岁了，可是西装穿得毕挺，虽然一天到晚在厨房间“掌灶”，领带还是上下午不同，过几个钟头就换一条。儿子不会讲中国话，所以虽然满肚子想跟中国女孩结婚，也只交上英国女朋友。父亲在楼下炒菜，他就在楼上管账。他的姐姐是堂倌，但是像一只落水的芍药一样，逗得许多人一天到晚抢着上“法娃”，桌子没有空就站在门口排着队等；几个中国官儿，平常都是说话用鼻音走路踱方步的人，一看见她这颗原子弹可就马上无条件“投降”了，死心踏地的排队等着坐到她服侍的桌子上去。一旦坐定之后，为了延长和她缠的时间，就只好拼命地叫菜，吃完了一个，再来一个。有位先生吃完一个汤和两个菜以后，又吃了一个汤，然后再吃两个菜，从六点钟起一直到十点钟，缠了她四

① 侧帽生《伦敦中国菜馆的跑堂西施》，《快活林》1946年第12期。

> 个钟头，简直得意想当时就化成一堆脓血死在那里。谁知道肠胃不作美，回去一倒上床就病了起来，一连病了五个礼拜，等他括光了胡子，穿着已经嫌大的西装，再度跑进“法娃”的时候，可怜！那位张玛丽小姐已经在几天以前嫁出了。[①]

虽然是西餐馆，但好不容易冒出一家非广东人经营的餐馆，也算是难能可贵了。但这中国人开的西餐馆，如此地吸引中西客官，除了“西施堂倌”之外，难道就没有别的什么原因了吗？还是有的：

> “法娃”虽然是西餐馆，可是菜完全是中国味道，汤里头永远放着葱花，“通心粉”做得和国内“切面”一样。张老板虽然已经在伦敦住了三十几年，可还没有忘记老家里“饼”的“烙”法，他这个面子的甜菜永远只有一种，那就是烙饼加菜子酱。
>
> 伦敦的中国馆子，虽然有许多足扭的地方，但是，可佩服的它却居然能够强迫那些神气的官儿心甘情愿地在这里吃下了在国内看都不愿意看的青菜豆腐豆芽，去年，有一位自小办惯洋务，吃惯西菜的大官儿，有一天吃豆腐吃得高兴的

① 佚名《中国菜馆在伦敦》，《一四七画报》1946年第4卷第6期。

> 时候，忽然很兴奋地用英文告诉他的秘书说："这个东西很好，又简单，又好吃，回去以后我们来提倡提倡！"[1]

不过法娃的西化，也可能是二战时期食材供给奇缺所致，前面徐钟珮文章中所说连大米都无法获取，如何做中餐呢？所以连真正老牌的中餐馆探花楼，在这个时期都西餐化得非常厉害：

> "探花楼"，自己向称是"伦敦最老的中国馆子"，所以，墙壁上挂满了满清时候结婚和做寿用的红喜帐。所有的茶房，完全是英国人，来吃饭的也差不多完全是英国人，除掉菜里有豆芽，菜单上有中国字以外，简直和英国馆子没有一点分别。因为做的完全是英国人的生意，所以虽然老板是位专讲英文的中国人，却连筷子都找不出一双来。有一个刚从重庆来的中国人，胡里胡涂地撞到这里来尝"家乡口味"，看见这号称是伦敦最老的中国馆子，连每个中国人吃饭离不开的筷子都没有，认为是条新闻，就特地跑去请教那位专讲英文的老板，谁晓得劈头就被那老板用英文教训了一顿，他说："你晓得不晓得英国已经打了六年仗了？"那位先生想不出筷子与英国打仗有甚么关系，只好自认晦气，学着邻桌英国人的

① 佚名《中国菜馆在伦敦》。

样子，用叉子把一碗豆芽吃下去。[1]

如此西餐化，究非正途，长此以往，中餐的光荣传统就毁了，中餐馆也就泯然于众了。好在新的转机很快就来临了，就像香港粤菜给广东粤菜带来新的光荣一样，香港粤菜也给海外中餐带来新的光荣。

第五节　下午茶、茶餐厅与香港馆

中国人到了英国后，除了饮食本身不习惯，饮食的时间和方式也同样不习惯。中国人早起早睡，一日三餐，英国却是晏起晚睡，碎分成四五餐。学生也无法例外，留学生自然也只能入乡随俗。有留学生记下了当时的作息进餐记录：

> 通例七时半左右起身，八时余早餐，食物为牛奶麦片，火腿鸡蛋，面包果酱，乳酪及茶等。上课时间最早者自九时起，英人习惯皆在下午一时左右吃午餐，故上午上课时间最迟者为十二时至一时。下午上课时间自二时至五时止，盖五时左右为英人吃茶时间（Teatime）也。英人之茶，吃有定时（在四时至

① 佚名《中国菜馆在伦敦》。

五时顷，名曰High Tea)，且必佐以面包果酱，牛奶油，糕饼乳酪及果品之属，在吾人视之宛如一餐，至少亦应名之为茶点方为适当。此类习惯在昔仅行于中上等家庭，近数十年来已通行于一般社会，食物质料虽有不同，但几于无人不吃茶矣。用茶毕后为学生自修时间。至九时左右即用晚餐，食物多较午餐为简单，大概冷碟一份，面包奶油，乳酪果品及少许饼干而已。晚餐毕则可自由谈玩，或阅读软性文字，或听无线电及留声机。普通就寝时间均在十一时左右。[①]

由此看，英国人晚餐像我们的宵夜，下午茶像我们的晚餐，也像我们一样最为重视。有一个说法，可以显出这种重视程度："英人习惯，下午五点钟，照例吃茶一顿。红茶一壶，面包两块，点心一盘，生菜一碟而已。有时加鸡蛋一枚，或小鱼一尾。"在中国人看来，这并不丰盛隆重，但在英人，"则主妇之大要好也，住客须请看电影或吃中国饭以酬之"。[②]请你吃个下午茶，你要请她看场电影，甚至吃顿中国饭，就像早期在上海滩请人吃顿西餐，那简直是过分！朱自清先生也说：

① 潘学德《留英学校生活漫谈》,《服务》1939年第1期。

② 余自明《英国留学生生活之断片录》。

> 欧洲人一日三餐，分量颇不一样。象德国，早晨只有咖啡面包，晚间常冷食，只有午饭重些。法国早晨是咖啡，月芽饼，午饭晚饭似乎一般分量。英国却早晚饭并重，午饭轻些。英国讲究早饭，和我国成都等处一样。有麦粥，火腿蛋，面包，茶，有时还有薰咸鱼，果子。午饭顶简单的，可以只吃一块烤面包，一杯咖啡；有些小饭店里出卖午饭盒子，是些冷鱼冷肉之类，却没有卖晚饭盒子的。①

不过，无论多重视多丰盛的下午茶，毕竟是下午茶，终究无法跟晚餐或者晚宴相提并论。因此，朱自清大概是以中国的“小人”之心度英国的“绅士”之腹，认为他们是常以便宜简单的下午茶请客来代替昂贵的晚宴：英国人每日下午4时半左右要喝一回茶，就着烤面包黄油。请茶会时，自然还有别的，如火腿夹面包、生豌豆苗夹面包、茶馒头等。他们很看重下午茶，几乎必不可少。又可乘此请客，比请晚饭简便省钱得多。又说：英国人喜欢喝茶，胜于喝咖啡，和法国人相反；他们也煮不好咖啡。喝的茶现在多半是印度茶；茶饭店里虽卖中国茶，但是主顾寥寥。不让利权外溢固然也有关系，可是不利于中国茶的宣传（如说炒制时不干净），主要原因还是茶味太淡。印度茶色浓味苦，加上牛

① 朱自清《欧游杂记》，第156页。

奶和糖正合适；中国红茶不够劲儿，可是香气好。奇怪的是茶饭店里卖的，色香味都淡得没影子，那样的茶怎么会运出去，真莫明其妙。其实这就对了。茶饭店重在饭，茶不重要，曷求其味？就像广东人的喝茶，重在吃，茶之味有所不计；也像时下风行的茶餐厅，孰知其非源自茶饭店？

英国的茶饭店开得到处都是，而且相对便宜，所以朱自清1932年5、6月间访英时，颇有体验，多有观察记录：

> 茶饭店便宜的有三家：拉衣恩司（Lyons），快车奶房，ABC面包房。每家都开了许多店子，遍布市内外；ABC比较少些，也贵些，拉衣恩司最多。快车奶房炸小牛肉小牛肝和红烧鸭块都还可口；他们烧鸭块用木炭火，所以颇有中国风味。ABC炸牛肝也可吃，但火急肝老，总差点儿事；点心烤得却好，有几件比得上北平法国面包房。拉衣恩司似乎没甚么出色的东西；但他家有两处“角店”，都在闹市转角处，那里却有好吃的。角店一是上下两大间，一是三层三大间，都可容一千五百人左右；晚上有乐队奏乐。一进去只见黑压压的坐满了人，过道处窄得可以，但是气象颇为阔大（有个英国学生讥为“穷人的宫殿”，也许不错）；在那里往往找了半天站了半天才等着空位子。这三家所有的店子都用女侍者，只有两处角店里却用了些男侍者——男侍者工钱贵些。男女侍者都穿了黑制服，女

> 的更戴上白帽子，分层招待客人。也只有在角店里才要给点小费（虽然门上标明“无小费”字样），别处这三家开的铺子里都不用给的。曾去过一处角店，烤鸡做得还入味；但是一只鸡腿就合中国一元五角，若吃鸡翅还要贵点儿。茶饭店有时备着骨牌等等，供客人消遣，可是向侍者要了玩的极少；客人多的地方，老是有人等位子，干脆就用不着备了。此外还有一种生蚝店，专吃生蚝，不便宜；一位房东太太告诉我说“不卫生”，但是吃的人也不见少。吃生蚝却不宜在夏天，所以英国人说月名没有“R”（五六七八月），生蚝就不当令了。[1]

通过观察，朱自清认为茶饭店才是本色的，能够代表英国烹饪：“旧城馆子和茶饭店等才是本国味道。茶饭店与煎炸店其实都是小饭店的别称。茶饭店的‘饭’原指的午饭，可是卖的东西并不简单，吃晚饭满成；煎炸店除了煎炸牛肉排羊排骨之外，也卖别的。”[2]茶饭店里有一种甜烧饼（Muffin）和窝儿饼（Crumpet），让朱自清念念不忘：

> 甜烧饼仿佛我们的火烧，但是没馅儿，软软的，略有甜味，好象参了米粉做的。窝儿饼面上有好些小窝窝儿，象蜂

①② 朱自清《欧游杂记》，第156—158页。

> 房，比较地薄，也象参了米粉。这两样大约都是法国来的；但甜烧饼来的早，至少二百年前就有了。厨师多住在祝来巷（Drury Lane），就是那著名的戏园子的地方；从前用盘子顶在头上卖，手里摇着铃子。那时节人家都爱吃，买了来，多多抹上黄油，在客厅或饭厅壁炉上烤得热辣辣的，让油都浸进去，一口咬下来，要不沾到两边口角上。这种偷闲的生活是很有意思的。但是后来的窝儿饼浸油更容易，更香，又不太厚，太软，有咬嚼些，样式也波俏；人们渐渐地喜欢它，就少买那甜烧饼了。一位女士看了这种光景，心下难过，便写信给《泰晤士报》，为甜烧饼抱不平。《泰晤士报》特地做了一篇小社论，劝人吃甜烧饼以存古风；但对于那位女士所说的窝儿饼的坏话，却宁愿存而不论，大约那论者也是爱吃窝儿饼的。[1]

这种英式茶饭店，颇类后来香港兴起的茶餐厅；两者之间，不知有无渊源，如有，又是怎样一种渊源？虽然目前尚无更多材料以资说明，然颇耐人寻味；香港饮食对英国的影响，后来倒是与日俱增。

由于西方世界对新成立的中华人民共和国的封锁，导致海外华侨数量在20世纪50年代后锐减，直到80年代中国开放改革后，

① 朱自清《欧游杂记》，第158—159页。

才渐渐回升。所以，这30多年海外中餐馆的发展形成了一个相对独特的形态。英国1936年有华侨8000多人，到1955年便只有4000多人，下降了一半。但随着20世纪60年代大陆极左风潮的影响，香港移民纷纷加入，1971年又上升到4.3万人，到改革开放后的1981年，更激增到10万余人，90年代中期已达到15万人。德国也是如此。20世纪30年代只有800多人，到1991年达5万多人；其中1986年12月底西德联邦统计局公布，香港及东南亚地区赴德经营餐馆者就有7730人。①

随着华侨人数的递增，中餐馆的数量增长更快，因为早期的华侨，起点太低，难以累积开餐馆的原始资本，不比后来的移民，尤其是香港移民，多有些本钱，开起来容易多了。以英国为例，1940年，全英中餐馆约30家，但进入50年代后，中餐馆以每年新开150家的速度递增，至60年代末，全英大大小小的中餐馆已达3000家上下。而战后最先投入英国中餐业的华侨依其基本构成，可分为以下三类：第一类是原国民政府驻英国机构人员，当英国1950年承认中华人民共和国之后，他们另谋生路，多有投入中餐业；第二类是从原英属殖民地移入的华人；第三类则是香港尤其是新界移民，最为成功。有调查显示，1963年6月至1964年4月，伦敦150—200家中餐馆，只有4家是由新马华侨经营，其余

① 龚伯洪《广府华侨华人史》，第182页。

都是香港人所开。由于从业者多来自香港，菜式当然以广东菜为主。[①]陈本昌博士在其1970年出版的《美国华侨餐馆工业》一书中则说，当时英国有华侨10万，中餐馆约6000家，并特别强调“业主与从业工作人员90%是近年自香港新界前往者”。[②]

从此以后，英国中餐馆的味道，便由传统的广东味道，递嬗为香港味道；即便在省港地区，“食在香港”也渐有超越“食在广州”之势。也因为香港人的功劳，英国的中国餐馆，终于摆脱杂碎的嫌疑，胜过了美国杂碎。有一个学者某年到美国的哈佛大学参加一个短期课程时，校方很照顾地安排他们在一家名叫“大升楼”的中餐馆吃饭，一连二十天，就是那么几个菜，毫无变化，而且几乎所有的菜都是甜兮兮的，带有奶油味，油炸的食品还居多，热汤绝对没有，每人一大杯透心凉的冰水，真是能把人吃伤，吃到他每天一见到那饭菜就头疼！相对而言，伦敦的中餐就显得很美味了，尤其是伦敦的市中心的中国城，聚集了上百家很不错的中餐馆，基本上都能做很地道的粤菜，以及眼花缭乱的热腾腾的“广东点心”，不同风味的粤式滚粥也应有尽有。因为餐饮业的发达，以及香港从业者的地位，一位来自香港新界的名叫邓柱廷的餐馆老板，还荣膺了伦敦华埠商会会长、中国侨联海

① 李明欢《欧洲华侨华人史》，第421—425页。
② 陈本昌《美国华侨餐馆工业》，第15页。

外顾问，曾多次应邀到北京参加国庆观礼。海外中餐，似乎有于斯为正的风采了。[①]

此外，新加坡等东南亚英国殖民地在独立过程中，也有大量华裔移民英国，带去了东南亚的风味，增添着伦敦唐人街的魅力——尽管到1946年，伦敦唐人街的华侨由一千人减少至二百人了，但不妨碍其再度成为游客集中的街区，因为小餐馆价廉味美的东南亚风味的"加厘鸡，和中国饭菜，最能吸引顾客"。[②]

① 蓬生《伦敦中餐馆印象》,《世界文化》2006年6期。
② 本社资料室《工商珍闻：伦敦唐人街之加厘鸡》,《工商通讯》1946年第2期。

第三章　法国中餐：大陆味，中餐贵

论烹饪之精，西方世界，差可与中国相颉颃的，就数法国了；意大利固然也不错，但与中国的交集，远不如法国，可存而不论。邹韬奋说："在巴黎时，有的法国朋友说，你们中国人的菜当然好吃，因为你们有了五千年的文明，烧菜的研究也有了五千年的历史了！"[①]其实早在清朝第一个外派使团——蒲安臣使团同治七年（1868）访法时，随员张德彝即有记曰：

> 十一月初五日，……艾教习之友萨德乐约晚馔，明［张德明，张德彝的别名］遂与之同往。其夫妻相待甚殷，肴列多品，有名"满洲羊肉"者，其味酸膻。萨言："予久住法邦，得食此肉，其味甚美。或云，系仿中华而造。今献此品，君必喜食也。"明言："此品色虽同而味少逊。夫我国所谓烧

① 邹韬奋《游比杂谈（三）》，《新生周刊》1934年第25期。

羊肉者，调以姜桂，煎以香油，故甘脆肥美。今此品醮以糖色，和以牛膏，依然中华之味。然予得食此品，亦可稍慰故乡莼鲈之念耳。”萨言：“恨予缘悭，不克遨游中土。倘天假其便，远泛华槎，不惟扩耳目之见闻，更欲广搜食品，一润枯肠也。”言罢抚掌大笑。①

由此观之，欧美最会做菜的法国人，对中国菜都是自愧弗如，常思效仿；大约无由现场观摩，只能从文献记录中寻思臆仿，然而凭借相对高超的技巧，竟也能殊途同归，令张德彝能稍慰莼鲈之念，真是难得。由于太喜欢中国菜，法国人还闹出把酱料当巧克力吃的笑话来：

［同治八年二月十五］早有法人博庇业者向明索些须中华食物。明以天下所食者，无非五谷六畜、盐梅菜蔬等物，惟中土之酱，以外洋所少，遂给酱砖一方。问系何物所造？答以豆面与盐，其人拜谢而去。午后复来，云：是物既系盐、豆所造，想即咸“绍勾腊”［即巧克力］也。遂割半方煮以白水，饮之其味咸而且苦，未详何故，祈详示之。明复告以与肉腥菜蔬调和，其味自甘而不苦，乃去。夫饮食之道，烹调

① 张德彝《欧美环游记（再述奇）》，第139页。

贵得其宜，方适于口。矧火候之迟速，调剂之多寡，尤非胶柱者所得越俎而代；使执一以求之，势必食古不化矣。①

当然，这种美丽的误会，最多引人莞尔一笑，而英国佬那种弃精华而嗜糟粕，简直令人痛心疾首：

闻数年前，英国以茶叶为贵，每值新年佳节，或遇庆贺之期，方食少许。乃某年正月，爱尔兰人买得茶叶二两，以滚水熬之许久，将汁倾之于地而食其叶，可谓吐其精华而取其糟粕矣。②

因为法国人对中国菜的喜爱和向往，所以在后来不少中餐馆开张以后，中国的酱油等仍是热销货；最负盛名的万花酒楼就干过倒卖酱油的事："万花酒楼还带着做点批发中国茶叶，磁器牙筷，酱油的生意。酱油自广东用木桶封好运去，大约每桶百斤。到了巴黎参水六七十斤，盐四五斤。好在法国盐价低廉，每斤不过一佛朗，若像中国内地有时一两元大洋一斤（湘黔交界处闻盐价曾涨至九串几百一斤［此处难解，或编校之误］），则费本也不算少。参好之后，再用小玻璃瓶装好，贴上红纸招条做成中国

①② 张德彝《欧美环游记（再述奇）》，第180页。

原庄货卖与洋鬼子，不折不扣十个佛郎一瓶。茶叶磁器都是中国中下等货，但在巴黎充上等货售卖。未到过中国的洋人，也不辨高下，通共买去，为的仰慕中国名气而已。可怪者，磁器以博古式的碗碟最为销行，买者大半系上等妓院的鸨母，买去专为招待中国阔人及有中国癖的西方阔人之用。”对于让法国人充冤大头这种行径，作者也发出了警示：“中国的物品向来受西洋人欢迎。不过中国商人经营的方法太不高明，尽运些下等货物过去，以上等价钱出售。同时日本人又以中国的上等物品如古磁古画等，冒充日本货，贡献到西洋各陈列所，两下这么一来，使仰慕中国大名的西洋人，见了中国实物，不过如此。”[1]中国品牌、中国形象，常常就是这样弄坏的，比如茶叶的销售等，此处不赘。因此，海外中餐在法国的发展，便十分值得缕述了。

第一节　粤人初至与巴黎中餐馆继兴

得天时地利或曰遭天灾地害，早期漂洋过海揾生活或被“卖猪仔”的大多是广东人，所以海外中餐馆，尤其是那些高大上的伺候洋人的中餐馆，大抵为广东人所开；不独美国，欧洲亦然；不独英国，法国亦然。巴黎的中餐馆虽然非广东人首创，但

① 鲁汉《我的留法勤工俭学生活的一段（九续）》，《革命》1928年第77期。

后来主要的中餐馆均先后归于广东人之手，究其缘由，一是食在广州，名扬于外，再则是广东人更早于国内其他地方的人移居海外，谙熟当地风物与市场。从国人早期的西行观察记录中，我们可以约略窥其大概。

最早到达法国的广东人，当属史景迁考证出的天主教徒胡若望（音译）。他于1722年抵达巴黎。不过胡若望在法国形只影单，过得并不开心，也没有带来多少中国元素或广东影响。[①]

到1867年王韬漫游至巴黎，广东人似乎"玩开了"："闻有粤人携优伶一班至，旗帜新鲜，冠服华丽，登台演剧，观者神移，日赢钱无算。余询璧满曰：'曾见之乎？'璧满曰：'微君问，吾亦将言之。一日，余偕理君雅各同游，忽与粤人遇。粤人固素识理君，或曾著弟子籍。理君谓之曰：'子向亦曾学道，何至今乃愈趋愈下耶？此事岂汝所宜为哉？恐贻乡党讥笑耳。'粤人红晕于颊，不能作一语。旋有法国某伯爵尽售其装束去，约万数千金。"[②]

两次鸦片战争之后，国门洞开，出入皆众（当然官方派出的不同），尤其是首当其冲的广东，只不过乏人记录而已。张德彝1869年使于巴黎时，就"遇粤人刘姓者，年近四旬，已易西服。据云，在此七年，已娶洋女而生二子焉"。这是混得好的，当然

① 史景迁《有历史记载的最早赴法国的中国人》，《跨文化对话（第7辑）》，上海文化出版社2001年版，第169—187页。

② 王韬《漫游随录》，第93—94页。

也还有混得不好甚至混不下去的：“［二月二十二］晚饭后，来一广东人，年约二旬，已经剪发易服。据云：‘来此四年，佣食于加非馆。今欲回粤，苦无资斧，叩求钦差大人赏赐。’志钦宪与之法圆十开而去。”①

由于粤人之来法，法人之赴粤亦日多，后面的故事也越来越多，多而成戏，戏而演之：“［同治九年六月初一］观剧。所演戏文名‘茶花儿’，男女装饰如粤人，屋宇器皿亦皆粤式。其事系管理香港事务大臣之女，私于法国庖丁，事觉鸣之于官，官将其女妻焉。厨工之妻不允，遂起争端；后因戚友调处，各为嫡室，乃和。”②前有粤人娶法女，此有法人娶粤女，粤法之交，也可谓臻于境界了。其间必有中馈的故事，惜未为外人知耳。再晚些时候，1878年郭嵩焘使法时，粤人已经商而富，如卓大业、卓兆厚及叶阿厚等，能像美国富商款待张德彝一样，款待来自天朝祖国的使节了。③

在此稍前，为欧人的坚船利炮所震动，欲师夷长技，福州船政学堂于1875年派遣陈季同、刘步蟾等五人留法，遂开留欧先河。粤人向来领先潮流，官派当然无法领先，自费则不遑多让；郭嵩焘已在伦敦见过自费留学的伍廷芳，1886年曾纪泽出使法国，也

① 张德彝《欧美环游记（再述奇）》，第183页。
② 同上，第216页。
③ 李明欢《欧洲华侨华人史》，第74页。

在巴黎见到了广东自费留学生陈源流。[1]潮流既启，从此官私留学生日多，贸易也日繁，饮食之需，中餐馆的开设也就水到渠成。粤人开拓之功固不可没，后来中餐馆的兴盛也实有赖粤人撑持。

当然，最初的中餐馆，并非粤人创始。法国最早的华人饮食机构，当是1900年巴黎世界博览会期间，浙江人谢大铭以历年贩卖古玩所得巨资，在博览会展场所开之茶馆。事前还利用西人好奇之心，专程往上海招揽了十余中国少年，一律青衣长衫进场服役，颇能招徕游客。后来张静江、李石曾以使馆随员身份于1902年起从孙宝琦莅法留学期间，张静江以其湖浔巨室的资本财力，也走过一趟谢大铭的路子："先设古玩行于巴黎市最宏大之礼拜寺玛玳林（Madeleine）前，继开茶座于城市繁华中心点之意大利箭道（Boulevard des Italiens）。"并得到了留滞法国的谢大铭的茶役罗芹斋的帮助。[2]

如果说张静江还只开茶室，李石曾则开起了饭馆，那真是足以与法人一比高下的。李石曾在巴黎的饮食事业，不仅对中餐馆在法国的开拓影响深远，于中华饮食文明的传播，也贡献甚大。他乃堂堂清室军机大臣李鸿藻之子，1902年21岁时与张静江、夏坚仲留法，1906年8月自蒙塔尔吉农业实用学校毕业并加入孙中

① 曾纪泽《出使英法俄国日记》，岳麓书社1985年版，第955页。
② 吴云《旅法华人近五十年之奋斗生活》，《东方杂志》1928年第8期。

山的同盟会，旋入巴黎巴斯德学院深造，师从贝特朗教授研究生物化学，特别注重大豆的研究，随后在巴黎设大豆化验所，经过三年的研究，最后决定在巴黎创办一个豆腐工厂，并于1908年上半年回国招股招工。在与尊师齐禊亭的长子齐宗祐（即齐竺山）并五名工人返法后，豆腐公司正式开张。厂址设在巴黎西北郊戈隆勃地方，占地五亩，有厂房四座，由齐宗祐任公司经理，开始生产各种豆制食品。1909、1910年，齐禊亭的次子齐宗康（即齐如山）又自高阳先后招来两批工人共30余名；这些工人虽然和一战华工有所区别，却可以说是到法国最早的华工。

就在豆腐公司创办的当年，蔡元培先生自柏林来巴黎，并参观其公司与作业，极为赞赏。1909年6月，孙中山先生抵巴黎，亦曾往豆腐公司参观，并在后来的著作中给予高度评价："豆食代肉食，远引化学诸家之理，近应素食卫生之需，此巴黎豆腐公司之所由起也。"[①]同时也引起了欧美各国人士，特别是舆论界的注意，报道豆腐公司及其产品的报刊数以百计，仅巴黎一地的重要报刊就有30余种。它的产品也确实赢得了相当高的声誉，在1909年、1911年巴黎万国食品博览会上，以及1910年布鲁塞尔世界博览会上，分别获得了奖状、超等奖状、特等奖状和奖章。布鲁塞尔赛会组织还向李石曾颁发了优奖证书。1910年，巴黎豆腐

① 孙中山《建国方略》，第46—47页。

公司曾向清政府农工商部申请注册和专利，获得批示如下："农工商部准予注册，并咨行驻法大臣妥为保护。专利一节，以化学发明新理，自与寻常商业不同，一并照准。先予立案，俟订定专利章程，再行颁给凭照。"与此同时，豆腐公司还向欧美诸大国政府有关部门申请专利，均获批准，期限15至20年。[①]

与其将豆腐卖与饭店，孰与自己开饭店？这样更能弘扬中华饮食文化。李石曾遂于1914年在巴黎第六区蒙巴那斯大街163号开设中华饭店，成为法国最早的中餐馆之一，当然也是最有名的中餐之一，因为经理乃业师齐禊亭之子齐竺山，主厨更是随行家厨高二安；钟鸣鼎食之家出来的，厨艺自然精湛了得。饭店设有50多个席位，古典高雅，并模仿西式餐馆设有酒店沙龙。当时法国著名汉学家赫里欧（Edouard Herriot）、孟岱（Georges Mandel）和一些政界、文艺界人士纷纷驾临，一时好不风光。但是生不逢时，碰上第一次世界大战爆发，两年后便告关张。[②]

开饭店始终是广东人的强项，1919年冬，一个广东人与一个比利时人合伙，使用中华饭店这同一店名在第五区学校街（Rue Des Ecoles）另起炉灶，并成为勤工俭学的活动中心，饭店名字也因之出现在很多相关文献之中。[③]陈春随（登恪）的《留西外

① 易人《巴黎豆腐公司与留法勤工俭学》,《史学集刊》1993年第2期。

② 李明欢《欧洲华侨华人史》，第192页。

③ 刘志侠、卢岚《青年梁宗岱》，华东师范大学出版社2014年版，第156页。

史》里说到了在中华饭店举办的各种活动，如一次同学欢迎会，“到的人多得很，几乎把中华饭店都挤满了。后到的人，连椅子都没有坐”。[①]1928年2月6日，傅雷初抵巴黎，吃的第一顿饭，就是在中华饭店：“［晨抵巴黎］回到郑君寓所等候，因为跑到一家‘中华饭店’里去，说太早没有吃饭，于是就在郑君的寓所里等到十二点，再去吃饭。中华饭店当然是中国人吃中国菜了！一只炒蛋，一只肉丝，一只汤，共价十六法郎，狠贵的！可也十分满足了，因为三十多天不知中国味了。”[②]

李石曾在巴黎开饭馆，吴稚晖（即吴敬恒）则据说把豆腐生意做到了瑞士，共同推广中华饮食大业：“吴稚晖，尝在瑞士设豆腐肆，营业甚佳。”[③]

第二节　华工、留学生与巴黎中餐馆

巴黎是国人目光聚焦之地，巴黎中餐馆之兴也较早得到了国内媒体的报道。《申报》1921年12月8日刊登的振声的《闲话留英法学生琐谈》说：“巴黎有中国饭馆四所，伦敦三所。在伦敦者为比较的讲究，巴黎之四所中，有二所陈设颇佳。惟闻有一所兼

① 陈春随《留西外史》，新月书店1928年版，第95页。
② 傅雷《法行通信：十四，到巴黎后寄诸友》，《贡献》1928年第3卷第9期。
③ 彳亍《豆腐隽语》，《珊瑚》1933年第12期。

开赌博，吾人姑不论其办法如何，但惠顾之客仅中国学生，此其中亦有一种原因。因法国菜颇可口，与中国相似，故中国菜不能号召也。”因为最好的万花楼1920年冬天才开业，宜其没有很好的评价。到1925年，在北京《晨报周刊》的报道中，巴黎中餐馆虽仍维持四家，但介绍详细多了：

> 中国的饭馆，在巴黎市中共有四家，都在拉丁区。最上等的是万花酒楼……再次的就是共和、双兴两家。这两处是北方工人已经赚了几个钱的。他们店中，房屋狭小，饭食粗糙，一顿饭也要五个佛郎。这是中国一般学生大嚼之处，最穷的学生，还是不敢问津呢。其外在巴黎附近的哥伦布及比阳谷两个地方，也有二三处中国饭店，那都是工人的俱乐部了。①

这“共和、双兴两家”，不详是否就是杨步伟、郑振铎等都曾光顾的山东、保定馆子。至于保定馆子，从宽泛意义上讲，中华饭店也算得上，因为首任老板李石曾乃保定高阳人；巴黎豆腐公司鼎盛时期160名工人中，高阳人即占60名，其中部分后来服务于中华饭店，至于后来有否另开饭馆，尚无从考证。

总之，巴黎中餐馆从一开始，无论经营者和服务对象，主

---

① 筱功《巴黎岁莫通信》，《晨报副刊》1925年2月16日。

要是围绕工人和学生，这与英美等地的中餐馆颇为不同。那是因为，英国的经营者，多由华人水手起家，起初也服务于水手，渐至唐人街的“唐人”。兼之英国人不擅烹饪，故中餐馆也颇受本地人青睐。美国人虽与英国人一样不擅烹饪，但因为淘金热及中央铁路的修建，华人华工众多，中餐馆早期自然也主要服务于华工，但很快受到其他族裔劳工的欢迎。特别是李鸿章访美后，适值后淘金时代华工的东移，华人业餐饮者，遂创造“李鸿章杂碎”之名目并大肆鼓吹，“杂碎”表征的中餐因此渐渐受到美国各阶层人士的欢迎。比较而言，法国尤其是巴黎，乃烹饪强国强市，又无特别的华人涌入渊源，一战后因为劳工紧缺，才有华工留居，然而不足以聚居成唐人街市。好在留学潮兴起，所以逐渐在学生以及巴黎周近华工相对聚集地而兴起数家中餐馆：“巴黎共分二十大区，华人则均荟萃于第五区（一名拉丁区，又名学生区，盖巴黎大学之所在地也），故中国饭店，亦均开设于是。”[①]

不过，时隔两年后，1927年郑振铎到巴黎时，市区的中餐馆就不止四家了。除了万花楼和中华楼，郑氏还时时光顾另外几家不错的中国餐馆，尤其是北京饭店。据其《欧行日记》所载：“（六月三十日）晚饭在北京饭店吃，这也是一家中国饭店。”“（八月五日）晚饭，独自一人在北京饭店吃，要了一碗紫

① 过福祺《巴黎之中国饭店》，《申报》1929年2月27日。

菜汤一盘炒牙芽，都很好，价共十一佛。”八月十六日晚餐吃完后，还将其与万花楼作了一番比较，认为在某些方面有过之而无不及：“晚饭与元及一位珠宝商陈先生同在北京饭馆吃，北京饭店的菜，比万花楼为新鲜，价亦较廉，惟座位不大好。她的炒鱼片，又鲜嫩，又有味，到巴黎后，没有吃到那末好的鱼过；万花楼的鱼总是冰冻得如木头一样，一点鲜味也没有。”此后，仍多有去吃。八月二十日：“晚饭在北京饭店吃。”八月二十四日午间：“独自到北京饭店吃饭。”八月二十六日：“与蔡医生同在北京饭店吃饭。”[①]稍后过福祺的《巴黎之中国饭店》也对北京饭店有很好的评价：“北京饭店营业最盛，客饭仅四方有半，味美可口，远胜他处。惟座位有限，后至每不能相容。水饺子一项，又为人所乐道。门首悬有红灯，时闪闪作光，以诱行人。明星李旦旦，常偕男友作是店之顾客焉。”[②]

有一则陈学昭的轶事颇能说明其对北京饭店的接受程度。话说陈学昭与郑振铎一块到了法国后，在《新女性》发表了一组《旅法通信》的法国观察文章，其中对留学生中吃喝嫖赌不学无术等现象多有揭露，便有巴黎的留学生放话说：“如果在拉丁区（巴黎的大学区）碰见，就要揍陈学昭，如果在巴黎的北京饭店见到

① 郑振铎《欧行日记》，上海良友图书印刷公司1934年版，分见第95、159、169、181、197、201页。

② 过福祺《巴黎之中国饭店》。

陈学昭，也要揍她！”[①]

除北京饭店外，郑振铎还去过东方饭店和萌日饭店：“（七月一日）在我们五个同船的旅客各自分散之前，应该再同桌吃一回饭。我们同到东方饭店去，这也是一家中国菜馆。我们在那里吃到了炸酱面。至少有五六年吃不到这样好东西了。甚喜！”五六年，那就意味着比国内、比北京的炸酱面还好啊！真是不得了的事，宜其稍后又几度再去吃：“（七月三日）归后，已在晚餐之时，同到东方饭店吃炸酱面。”“（八月十一日）晚饭在东方饭店吃，吃的是炸酱面。”当然也去别处吃：“（七月二十二日）晚餐与冈及蔡医生在萌日饭店吃。萌日亦中国饭店，在孟兹路（Rue Mongo），有炸春卷，熏鱼等菜，为他处所没有。”“（七月二十四日）晚饭在萌日饭店吃。”[②]观其所嗜，则东方与萌日，偏于北方口味了。

关于萌日饭店，《东省经济月刊》1929年第4期《巴黎之中国饭店》说其店主是昔日随曾文正出使而留居者，来头也很不小。《坦途》1928年第5期秣陵生《巴黎之中国饭馆》则说：“‘北京’与‘萌日’为一家分开。‘北京’位巴黎大学之旁，附近旅馆极多，地势冲要，故生意兴隆。点菜常较‘萌日’贵十分之一二。

① 钟桂松《天涯归客——陈学昭传》，河南人民出版社2000年版，第74页。
② 郑振铎《欧行日记》，分见第96、101、164、142、147页。

但每届餐时，门外之候补吃饭员仍不乏人。”“‘萌日’菜价较廉，地偏客略稀。经济简省者喜临之。每餐少有超过十方（方即法郎）之阔客。且多系包餐，且偶有中国工人入内谋一饱。”该文也通过引用小说《留西外史》说明萌日饭店的“来头”：

> 二人同出门，走到圣米眉街巴黎大学前转弯，在大学后身一条小巷子里面，一座大木门的屋子推门进去，一直上楼。一间小厅，排列着九张铺白布的桌子，都坐满了人，尽是些中国青年，并几个白粉脸胭脂嘴的法国妇人，也是他们带领来的。笑语声，筷子敲碗碟声，高声叫喊声，充满了一屋子。一条大汉穿纯白衬衣，系一条蓝布围裙，站在门口，两手叉腰，浓眉直竖，双眼圆睁，骤然望去，酷似张勋一般的面貌，只差脑后一条辫子。这位是萧家饭店老板萧景鸿先生，前清时代，官居把总之职；二十多年前，随着一位钦差大臣出洋，辞官为商，开了一家饭铺，生意兴隆，家道小康……①

然后解说道：“此处所指之萧家饭店，即‘萌日’饭馆也。萧老板之神气活现，写得好。原来是武大哥，改官面商，尤不易。四弟书云：萧老板为南京人，先在万花楼，后乃独立经营。”之所以了解

① 陈春随《留西外史》，第64—65页。

得这么详细，因为是老乡："萧老板岂特中国之奇男子，亦吾乡之伟人哉！"似乎更资采信。小说作者陈春随即巴黎大学毕业的陈寅恪之弟陈登恪，写得还是很靠谱的。《留西外史》另有一段描写，既写出了萌日中国式的地道与热闹，也反衬出其与万花楼的距离：

> 今天是礼拜日，老萧饭馆里每逢星期日有烫面饺子吃，我本来最讨厌老萧饭店里的人太杂，平日总不大愿意去，前星期又和［？］硬拉了同去吃了一顿饺子，虽然远不及我们成都的，然而在巴黎居然有这些东西，总不能不去吃他一吃，我已有三年没尝此味了。[1]

后来有研究者将萌日与中华并置为巴黎早期两家高档中餐馆，并径称萌日老板姓萧，是否根据小说，不得而知："巴黎两家高档中餐馆，一家老板姓萧，设在巴黎第五区豪耶歌拉街7号（7 Rue Reyer-Collard），另一家是'中华饭店'，坐落在巴黎第六区的蒙伯拿丝大道163号（163，Bd. Montparnasse）二楼。"[2]1921年，后来颇受蒋介石器重的沈怡留学德国，初抵巴黎，"恰巧这日中午在一家姓萧开的中国饭馆吃饭，就在那里遇到了我的舅

① 陈春随《留西外史》，第106页。
② 李明欢《欧洲华侨华人史》，第192页。

父……如获至宝，欢喜极了”！[①]此饭馆即萌日饭店，其老板姓萧，也非小说家言。过福祺的《巴黎之中国饭店》也说萌日与中华同属一家：“萌日饭店与北京同为通济公司所设，惟地位窄狭，陈设简陋。据外间传述，谓萌日店主系昔日随曾文正出使而留居于是者，不知是否？”但他还说到了另外几家中餐馆：“天津饭店四字，在前几无人提及，最近乔迁营业，焕然一新，菜价极廉。但味太逊，能否争雄，殊难逆睹也。此外尚有中华、东方等处，究因无所擅长，遂湮没无闻。最近闻有上海饭店者，正从事布置，欲以资本之雄厚，与北京并争首席，未知能否颉颃耳。”[②]是以，稍后的报道记录中，随即增多了几家中餐馆：“中国饭馆在巴黎城里就有七家之多，生意还很好，外国人吃的很多。七家的名字是，万花酒楼，上海楼，北京饭店，天津饭店，东方饭店，中华饭店，萌日饭店。就中以上海、万花两家的装修最为美丽，其余次之。菜的口味，万花是广东口味，北京，天津，东方，萌日都是北方口味，上海，中华，南方口味。”[③]

随着留学生数量的增加，以及外国人等对中餐的接受与喜爱，巴黎的中餐馆数量在持续增加，报道也更为细致。陈里特的《旅法华商生活鸟瞰》详列了巴黎中餐馆的分区名录——第五

① 沈怡《沈怡自述》，中华书局2016年版，第79页。
② 过福祺《巴黎之中国饭店》。
③ 章熊《留法琐记》，《新民半月刊》1930年第15期。

区有中华饭店、上海楼、树声楼、天津饭店、东方饭店、北京饭店、萌日饭店（时已停业），第六区有万花楼、南京饭店（时已停业），第十二区有玉山饭店，还述及巴黎以外的中餐馆——古落梅（Cormeilles en Parisis）有吉人馆、浙江饭店，阿状斗（Argenteuil）有明轩饭店，里昂有中国饭店，比央古（Billancourt）有中国饭店、工业饭店，杜城（Toulouse）有学生馆。[1]后来的研究显示，巴黎西部的工业区比央古市，由于有大型的汽车厂，有300余名华工和勤工俭学生在那儿打工，因此，中餐馆实不止一家，而是有两到三家，“中国人可以在那里吃到家乡菜，他们可以一边喝红茶，一边品尝炒甘蓝和炒粉丝”。[2]作为勤工俭学生的鲁汉则说，其中一家还是勤工俭学的学生所开：“在巴黎城外勤工同学聚处最多的地方比映古租三间大房。房的前后院都有一个很精美的花园，下面一层系几位北方同学合伙开的一个饭店。”[3]

里昂那家中餐馆其实开业甚早，早在1921年中国丝业代表团访法，即已在此宴客：“中国丝业团灰丝业代表李登魁君，昨自法国里昂拍来一电，略谓，魁及吴申伯君在此间中国饭店，宴请劳特曼海立亚脱丝织厂及各报记者。席间，海立亚脱君演

① 陈里特《旅法华商生活鸟瞰》，《华侨半月刊》1932年第12期。
② 王枫初《移民与政治：中国留法勤工俭学生（1919—1925）》，北京大学出版社2016年版，第122页。
③ 鲁汉《我的留法勤工俭学生活的一段（十六续）》，1929年第84期。

说，大旨以中法二国商人，丝业交易，信谊颇好，里昂人士，尤所稔知。惟希望吾国丝商，应急起整顿丝业，增多产额，改良产品。并愿华商速行组织机关，自营海外直接贸易，毋任各国在华洋商，坐收其利。”[①]也就在1921年，里昂中法大学成立，时人发回一张大学旁的中国饭店照片，刊登在《中华教育界》1923年第10期上，或即此店。

丁作韶也说：“巴黎中国饭馆也很多，单在大学附近，就有北京饭店，上海楼，南京楼，东方饭店。再远一点，还有美花酒楼，天津饭店等等。他们的价钱，也都很高，至少与外国的定价饭相等。”[②]此时，丁氏已是厦门大学教授。早前，当他在巴黎大学攻读博士学位时，兼任《时事月报》驻欧特约通讯员，也曾发回过相关通讯，特别是抄录了上海楼和万花楼的门联：“上海文物既从商鼎盘铭传到巴丽，海外哲人未试尧汤舜羹盍登斯楼。”“万方云集，花径酒香。”[③]殊可宝贵。

1936年，颇受蒋介石赏识的江西省建设厅长龚学遂赴欧美13国考察，在巴黎觅得就食的中餐馆，多有不见诸他人之笔。如4月2日下午从比利时来到巴黎，一入住酒店，即外出寻找中餐馆，发现附近虽有一家“中华饭店”，孰料“是一家关了门的菜馆”；

① 佚名《法丝商请华人自营海外贸易》，《申报》1921年4月9日。

② 丁作韶《巴黎中国留学生生活漫谈》，《教与学》1935年1期。

③ 丁作韶《巴黎漫笔：鲫鱼般的中国饭店》，《时事月报》1930年第2卷第2期。

后来弄明白并非真的关张了，只是“未到吃饭的钟点，多半锁着门”，而之所以如此，是其“以卖鸦片为主业，有些华工，借吃饭为名，暗里抽几口鸦片”，与关门并没有多少本质的区别。遥想中华饭店显赫的出身，其沦落至此，也令人感慨。后来几经周折找到一家河北籍一战华工所开的“聚声楼”，才解决了晚餐问题。4月6日晚总领事林季良宴请他的申江楼，据称在当时已成巴黎最大的中国菜馆，也是未见载他籍。万花楼虽仍名声在外，龚氏却认为已是虚占盛誉：“八日……晚间，李士良、谢光逖、袁岳龄三君在万花楼设宴，朱江户君适由英抵法，亦在座。我看万花楼并没有《海外缤纷录》说的那么神秘，不过在第五区内算是第一家中国菜馆。从大门进去，有跳舞厅，菜价要贵三倍；如果从小门上楼，也和其他几家中国菜馆差不多。”此外，他还写到了上海楼：“九日……午间，田克明君在上海楼招待。”[①]

龚学遂提到的聚声楼，不知是否即1934年赴欧考察民众教育的山东民众教育馆馆长董渭川所述的树声楼：“巴黎的中国饭馆颇有几家，我们常去吃的是上海楼及北京饭店，此外还有万华楼、树声楼等。”他可以将万花楼写成万华楼，那也很有可能是把聚声楼写成了树声楼。他也强调巴黎中餐馆的华工渊源：“老板厨子以及茶房全是中国人；不过听说有的是外国资本，生意虽

① 龚学遂《欧美十六国访问记》，商务印书馆1936年版，分见第109、110、113、115页。

然兴隆，赚了钱却还是外国人的。这般中国人多半是大战时期的华工，流落在海外不能回国，并且有的和外国女人姘居，也或许乐不思蜀了。”[①]

庄泽宣也强调巴黎中餐馆的华工属性：“巴黎的中国饭店几乎全是北方人开的，这些人大半是勤工俭学和参加欧战流落在法的华工，只有在《留西外史》中占重要地位的万花楼是广东人开的，其中有跳舞厅，中国政治舞台上许多名人在此消夜过。”[②]

1936年前后，还有新的中餐馆诞生。海上名媛应懿凝是年随夫君沈怡博士访欧时，11月24日应中国驻巴黎总领事林季良之邀，共进午餐的山东饭馆，雅座轩朗，布置井然，食时珍馐杂进，既丰且美，就是“开张才数日”的新饭馆。而11月28日与使馆代办萧继荣、杨玉清等共进午餐的规模与山东饭馆相仿佛的申江乐园，未见前人记载，或许也是一间新开的中餐馆。而他们临回国前夕于11月30日晚回请林季良的上海楼，也有不同于他人的记载：“规模尚大，而顾客尤众，泰半为中国学生，情形颇与柏林之南京饭店相似，谈笑之声甚高，空气顿感嘈杂纷乱……此馆之菜，烹调特佳，浓淡可口，余等所食之白汁鲤鱼汤，味尤鲜美。”[③]由此可

① 董渭川、孙文振《欧游印象记》，中华书局1936年版，第133页。

② 庄泽宣《游欧通讯》，生活书店1934年版，第81页。

③ 应懿凝《欧游日记》，中华书局1936年版，分见第229、241、247页。夫君沈怡曾留学德累斯顿工业大学学习水利工程并获博士学位，曾任上海市工务局局长兼国民政府导淮委员会委员、黄河水利委员会委员等职。

见，上海楼应相当高档了，而就餐的留学生如此之多，殊可留意。

更为细致的是，发生在各中餐馆的故事，开始被披露出来，颇足解颐。关于天津饭店的故事是："天津饭店的主人是法国女人，以前系老萧的妻子，老萧差不多留学欧洲的学生没有人不知道他，他因为开饭店赚了很多钱，但结果都被法国女人拿去了，同他离了婚，自己后来又去别家饭铺当厨子。所有的中国饭店差不多都是中国仆役，只中华楼用了几个法国人。"[①]上海楼的故事，则在于它一度成为复旦等留法同学会的聚会之处："巴黎复旦同学，在八月二十六日，举行本年度第二次聚餐会，地点仍旧在拉丁区中国饭店上海楼的地下层。伏在地窖中的我们，吃的是价贵而物不美的豆腐烧肉片，想到上海同学总会在华安大楼居高大嚼的豪情，不免使我们泪涎交流。"[②]那这华安大楼，是怎样一家酒楼，尚未见诸他人之笔。

此外，山东既为一战华工重要来源地的，法国理应有山东饭馆才对，惜人多不记之，赖刘志侠教授发掘出宝贵材料，聊补遗憾；当然前面提到的那些北方风味的饭店，或许有山东饭店，终归没有点明。如其述及梁宗岱的弟弟梁宗恒初到巴黎时，就每天

① 朱梅《巴黎的中国饭》，《申报》1933年11月12日。

② 何德鹤《巴黎聚餐记》，《复旦同学会会刊》1934年第2期。英国的中餐馆也常常承担这一功能，已见前。

都到山东饭店午餐和晚餐。[①]钱歌川的例子也很好。他说尝谓“人生只合巴黎死”的萧石君，数十年如一日地寄食山东饭馆，颇能见证和反映山东饭馆以及巴黎中国饭店的某种变迁之迹：“莹妹问我是否依然在山东馆吃伙食，使我发生感慨。现在法国物价高涨，山东馆每餐饭须美金一元。我们二十年前在山东馆吃饭的时候，那是唐虞三代之盛。”[②]

殊为难得的是，巴黎还曾出现过一家留学生创办的中餐馆——新中国饭店，应懿凝颇记其详：

> （十一月二十三日）稍事休息，林君坚邀往中国饭馆进餐，遂驱车至新中国饭店。此馆屋虽不大，而颇有中国风味，朱檐画壁，宫灯煌煌，布置尚觉不俗。饭馆主人林君，为一留法学生，习电机工程，课余假日，又尝充电影演员，据彼自云，留法学生在此设饭馆者，仅彼一人而已，言下似颇觉自豪者。此君福建籍，留法十余载，已娶法妇生子矣。其妇终日为之守店，总管一切店务，颇有文君当垆之风。肴馔调味尚佳，招待备极殷勤，但顾客寥寥，门庭冷落，此殆读书人不善经营之故欤?

① 刘志侠《巴黎寄语》，《百姓半月刊》1983年版，第150—157页。
② 钱歌川《钱歌川散文集（第三卷）》，辽宁大学出版社1988年版，第948页。

数日之后，应懿凝与夫君参观完拿破仑墓后再度前往，对其店其人有更深入的了解：

> （十一月二十九日）既出，已过午，驱车至新中国饭店，餐厅中阒无一人，惟店主人及二三伙友坐室隅闲话，盖此时已过午膳矣。主人殷勤备至，嘱庖丁速为备餐，并趋与谈话，谓此店营业欠佳，月亏颇巨，幸家中每月必有学费三千法郎汇法，赖此尚能维持现状耳。余等食毕，主人坚欲作东，不准付值，推之至再，允八折计，再让之，始全收焉。日前闻林季良君云，此人豪爽好客，有义侠之风，留法同胞中有穷乏者，悉与之食，不索其值，以是白食之客日多，而不贫者亦与焉。旁人尝为之不平，而主人则毫不介意，其亏蚀之原因，殆即由于此乎？晚间林季良招宴于其寓所……肴馔丰盛，美不胜收，盖为新中国饭店之庖丁所烹也。[①]

如此书生经营，如此庖厨之美，既属难能可贵，也必属难以为继。

再后来，关于巴黎中餐馆的记述越来越少，大约与其整体经济与消费能力下降有较大关系。盛成1936年的观察就颇能说明问题："从前的巴黎中央菜场，从半夜起，那是最热闹也是最有趣

① 应懿凝《欧游日记》，分见第228、245—246页。

味的地方。这次我很失望，鱼鸟仍旧非常之多，却没有人过问，从前是叫着卖着，喊着买着；偌大的巴黎，一天不知消化了多少企鹅、海鸠、绵凫、鲣鸟、鹌鹑以及各种各色的水族海产？现在因为巴黎人，肚子小了，消化不强，不能吃了，许多号称美味珍馐的小吃馆，现在都是门前冷落车马稀。”[1]盛成的观察当然值得重视。他是“辛亥三童子”之一，1911年年仅12岁的他即参加了南京光复的战斗；1920年初留学巴黎，1928年又讲学巴黎大学，对巴黎的了解当然深入。

特别是二战爆发后，更是每况愈下，几乎没有关于德占时期中餐馆的文献记录。法国解放后，中餐馆重新“浮出水面”，但光景已大不如前，毕竟属于战后的凋零期。真正大发展，得等到美国推行马歇尔计划之后。曾获中华民国首届中央研究院院士提名的著名铁道学家洪观涛1947年7月重访巴黎时，便发现“学生世界之拉丁区……以前供应学生之无数小饭馆，仅售1.20佛郎者，皆不复见。我等初到之日深以觅食为苦，Prince de Galle虽属头等旅馆，但早餐仅有杂粮制成之面包两薄片，苦咖啡一杯，与些少果酱而已。午晚两餐，亦有限制，非有配给证，尚不能尝此杂粮制成之面包”。[2]洪氏1906年起留学巴黎，1914年秋欧战初

① 盛成《菜色的巴黎：欧游杂感之一》，《新中华》1936年第1期。
② 洪观涛《欧行杂记（下）》，《世界交通月刊》1948年第8期。

起时归国。

从《旅行杂志》的采访报道看，其时中餐馆渐次得到恢复，但店主人的身份构成，也还是相沿未改，毕竟留在法国的中国人，主要也还就是早先那些人："巴黎就有中国菜馆十来家，店主大半是第一次大战时来此的华工或华侨，这些菜馆的生意都不差，价钱比较贵，菜味却分不出是广式、川式还是平津筵席，尽管有的叫上海楼，有的叫山东饭馆，有的叫金龙餐室，所有的菜都是差不多的！那里有白米饭，也有蛋炒饭，还有些国内所称的'热炒'。倘你真的要像在国内吃一桌筵席，那就难了！好在外国人想吃的也只就是这种'中国菜'，尤其是想试用一下中国的'筷子'而已。""在巴黎的里昂车站附近，还有几家中国面馆，那里有炒面，汤面，混吞，水饺一类的面食，门面和装璜很坏，座位也很马虎，不过还有点中国味道，同时价钱也便宜得多，所以中国学生去的不少，可惜地点离拉丁区和大学城都很远，来去得坐半小时的地下车或公共汽车。""中国面馆的老板一见了中国来的同学，老爱问长问短的问着他二三十年未见的祖国，有时他还会告诉你他这二三十年来的经过，说到后来，往往是：'将来死一定要死到中国去的！'可愁的是祖国目前还是满天烽火！"[①]从中我们也可以看到，不仅早期那些系出名门的高大上的中餐馆

① 沈弢《巴黎杂碎》,《旅行杂志》1949年第2期。

已经消失殆尽，菜式品位和口味等等，也都大不如前了。可恨的法西斯！

第三节　饮食、文化与政治
——巴黎中餐馆万花楼传奇

清季以迄民国的海外中餐馆，可以说是广东人的强项甚至专项；巴黎的中餐馆业，虽非广东人始创，然而也要等到广东人进来才弄得出声响，立得起标杆。后来者提及或忆及的有代表性的两家——中华楼和万花楼——到后来皆成粤人的产业。《宇宙旬刊》1935年第11期王奇生《留法十五年鳞爪》说："在巴黎方面，有十数家商店，有两家大饭店，装饰华丽，一名'万花楼'，一名'中华饭店'，前者是广东人开的，后者是福建人开的。"显然有误。中华楼系李石曾所开，谁都知道；只是一战爆发后倒闭了，至战后的1919年冬，一个广东人与一个比利时人合伙，使用同一店名在第五区学校街才使其重出江湖。但终不如全新开张的万花楼——乃至成为巴黎的一个重要文化和社交舞台——风头强劲。因为在晚清民国的留学潮中，学科学技术，美国是首选，学文学艺术，法国是首选，又集中于巴黎。当时的留学及旅法人员，往往以中餐馆为交流聚会的场所和平台，万花楼自然成为首选，而其先后成为国共两党在法国乃至欧洲的活动平台和据点，更是传奇。

一、声闻远届

梁宗岱研究专家刘志侠、卢岚在说梁氏：“留欧七年，他按时收到充裕的汇款，一直住在舒适的私人旅舍里，每天到最好的中国餐馆开饭。”这最好的饭馆，万花酒楼，“法文名Restaurant Le Lotus，直译‘莲花饭店’，在1920年冬出现，位于第五区医院街2号，离索帮大学（即巴黎大学）不到五分钟路程。东主张楠［即张南］也是广东人，哥哥张材在伦敦经营大饭店”。[①]李明欢的《欧洲华侨华人史》也说，一战后再度崛起的高档中餐馆是万花楼，坐落于巴黎医学院街2号。关于万花楼创办的具体时间，《东省经济月刊》的一篇文章给出了具体的答案——1919年：

> 巴黎最大中国饭馆之万花楼，营业极为兴隆。据知万花楼历史者云，是楼创自一千九百十九年，时值欧战之后，英美士女，至法参观战场者，年以百万计。英美人在本国，本喜华装，既抵法一尝远东风味，尤为旅中乐事。法人视性尤好奇，闻风纷至，是万花楼之名，遂遍扬于欧美。

文中将其创业以迄兴盛历程，交代甚详：

① 刘志侠、卢岚《青年梁宗岱》，第29页。

初创时，资本仅二十万佛郎，今每年所获净利，亦逾万百，实海外华商中之具有创造精神者。该楼经理张南，原籍广东宝安，二十年前，受英轮雇用为水手，积微资，则在轮中为水手包饭食，数载后，偕其弟张才至英京，开一中国餐馆，规模甚小。今伦敦之探花楼、翠花楼，皆张氏兄弟手创，距今仅十余年，资本俱各在百万元以上矣。

而最直接有力的材料，当属《晨报》1921年4月3日至8日连载的V女士的《华人在法经营之各种组织》：

万华酒楼是伦敦该号的支店，开设不足四个月，生意非常好，大有座客常满，樽酒不空之势。他的布置很特别，门前金字招牌，并印有金色古画，这种装饰，在中国不算新奇，在法国不多见了。其中的布置，也非常讲究，歌女奏曲，堂倌往还，很象中国的官座，所用的器具，都是中国的古器。主人是广东人，所作的菜，也有广东的风味。每吃一次饭，要十五佛郎以上。在巴黎的大人、公子、小姐们，常享到这种幸福。苦学生可就不能了。[①]

① 清华大学中共党史教研组《赴法勤工俭学运动史料》，北京出版社1979年版，第154—155页。

说万华（花）酒楼是“伦敦该号的支店”肯定不确，与伦敦探花楼关系甚深，前已有述。不过关于万花酒楼的法文名，诸家恐均有误，因为在秣陵生的《巴黎之中国饭馆》中，作者留学巴黎的弟弟寄回的菜单显示，万花酒楼的法文名为“Restaurant Pascal”。在最早的梁宗岱先生的综合传记中，对万花楼的来历也有过一个交代，因为作者是梁先生的学生，且一起共事数十年，耳闻之间，当颇可信：“‘万花楼’是广东的一位爱国华侨在巴黎开设的中餐饭店，其牌号是依据中国清代一部小说《万花楼》而来，颇有中国文化品位，所以旅居法国的中国学子都愿意到此一聚。”[①]参详其理，是很有可能的。《万花楼》全称《万花楼杨包狄演义》，又名《大宋杨家将文武曲星包公狄青初传》，写杨宗保、包拯、狄青等忠臣良将抗击外侮、斥佞除奸、忠君报国的故事，社会影响极大，其主题也很契合海外华人漂泊受屈思得伸张的心理需要。

万花楼因此声名远届，几乎成为赴法攻略之必备内容。《图画时报》1927年第350期便在开篇第一页刊登其老板张南的照片，并配文字说明：“张南君巴黎万花楼经理。万花楼为巴黎最大之中国饭店。”陈宅桴的《旅法华人的小史及其使命》介绍说：“中国饭店好像是中国人一块荣耀的招牌。英美处处有唐人街，日本

① 黄建华、赵守仁《梁宗岱》，广东人民出版社2004年版，第45页。

各地有广东馆子和宁波馆子，法国巴里也有规模很大的万花酒楼（老板是广东人，伦敦也有他的分店）。”[1]1925年，翁同龢侄曾孙翁之熹以秘书身份陪同传奇将军徐树铮赴欧考察，在巴黎期间，就多往万花楼：“与薄以众、王陪彝、宋任东、李友嵩赴粤人所设之万花楼，中式之肴馔而以西法吃之；予辈点一菜名云吞大汤，则馄饨也，每小方碗十二法郎，合一元；炒面一碟十法郎，亦云昂矣。侍者皆法人，生意甚好，司账为一法女。闻初开时资本不过六百元，今已积利六万。”[2]

人间书店和《人间》杂志创办人程万孚回忆他1931年赴法留学时也说：“在西比利亚火车上整整吃了十天的干面包……心想到了巴黎，当了衣裤也应当到万花楼去大吃一顿，吃泻肚子也甘心。这万花楼酒店，我是听见不少人说起过的。”可是到了巴黎，尽地主之谊的老吴，却以万花楼贵而不合口味，先带他去了味道也不错但较便宜的北京饭店。但他到底还是不能不去万花楼，也不能不写万花楼，去了发现还真是名不虚传，而且别有心得：“万花楼资格最老，资本亦比较厚些。饭馆之外，每夜有跳舞。内面陈设是东方色彩最浓。许是老板生日的寿幛也当作装饰，珠灯绣画比谁家也多。楼下菜贵，外国人吃的多，楼上是内

① 陈宅桴《旅法华人的小史及其使命》，《华侨努力周报》1927年第8期。
② 翁之熹《入蒙与旅欧》，中西书局2013年版，第81页。

行去的，既贱且好。”[①]

关于其装潢，正如前文所述，说是效仿伦敦探花楼的路线：“布置很特别，门前金字招牌，并印有金色古画，这种装饰，在中国不算新奇，在法国不多见了。其中的布置，也非常讲究，歌女奏曲，堂倌往还，很像中国的官座，所用的器具，都是中国的古器。”

关于其具体出品，秣陵生《巴黎之中国饭馆》提供的万花楼菜单，颇为难得，殊堪珍视：

> 顿饭：炒肚丝、火腿白菜、红烧牛肉、拌生菜；
>
> 特别菜：虾仁会豆腐、鲜炒干贝、炒虾仁、鲜磨烧肉、红烧蹄子、会粉丝、熘排骨、酱汁鸡、洋粉拌鸡丝、冬笋肉片、蘑菇肉片、辣椒肉丝、火腿炒蛋、黄花肉丝、醋熘白菜、什锦素、炒牛肉丝、蛋花汤、白菜肉片汤。

虽然较诸广州的粤菜馆逊色不少，但在巴黎，已属难得，较之美国杂碎，已是相当正宗地道了；较诸并录的北方风味的萌日饭店，也是特点鲜明。萌日的顿饭：长葱炒排骨、红烧排骨、红烧鱼、白菜炒肉丝；萌日的特别菜：蛋花汤、火腿白菜汤、春不

① 程万孚《欧游杂忆：几家中国饭店》，《华安》1935年第1期。

老肉丝汤、三丝汤、醋熘活鲤鱼、鲜炒虾仁、炒鱼片、肉丝炒游鱼、干炸虾仁、红烧鱼肚、熏鱼、蘑菇烧鸡、炒鸡片、熘鸡丁、炸八块、炒鸡杂、红烧鸡素、红烧元蹄、蘑菇烧肉、熘排骨、熘里脊、炒腰花、冬笋肉片、木耳肉片、炸春卷、炒杂碎、爆牛肉、辣椒豆腐、豆腐干炒、春饼肉丝、素炒白菜、伊府面、鸡丝炒面、炸酱面、酱萝卜。萌日的出品比万花楼还丰富，也是很可宝贵的史料遗存。

因为万花楼的排场，所以“在此进膳者，衣履修整，绅士派头，日人与西人来照顾者亦多，伙计也最漂亮”。[1]1927年春上，自巴黎大学留学归国的陈登恪（1919年前往），应邀在梁实秋主编的上海《时事新报》之《青光》副刊以陈春随的笔名，连载描写法国留学生活的《留西外史》，后虽因为梁的去职而未竟其篇，但亦随即由新月书店结集出版了全帙。书中有两处对话很能显示万花楼的地位。如第76页写道：“胡乐园指着书包问道：‘你一定又是从书店里买了什么书来了，难怪我说巴黎到处都是书店，原来天生你们这些傻子，有钱不晓得用。一面说一面将手拍着小龙衣袋道，还剩多少，不如留着请我吃万花楼，别再寿头寿脑的往书店里送。’”可见上万花楼是一般留学生的奢望。因此，第102页又写道：“孙希哲接口道：‘中国馆子吗！万花楼算是巴黎第一

① 秣陵生《巴黎之中国饭馆》。

家中国最阔的菜馆。’吴又和道：‘万花楼！贵得很。’”[①]

关于万花楼内部的一些情况，约1921至1922年间在那儿做了半年多后厨杂工的勤工俭学生鲁汉，提供了最佳的说明。首先，酒楼是广东人开的，规模很大，“当时巴黎中国人开设馆店有五处，都不及它阔绰”。其次，管理者多是广东人，他初入店见过的几位上司，就都是广东人。再次是关于万花楼的阔绰之处：他的厨房有中西两层，中菜厨房固归广东人管，但西菜厨房却归法国人管，请的也是法国厨师，这在其他中餐馆包括英美的中餐馆中，都是少见的。而且法国厨师对卫生的讲究，也与一般中餐馆大为不同。比如“刀百余把，每日用橡皮轮子磨两次，要磨得雪一般白，无纤毫斑点，因为外国人见刀上稍有斑点，即疑为不洁，将有食不下咽之势，如此于营业大有妨碍”。厨师中西各半，外面跑堂的则“都用法国人，因为中国人痴笨少礼，还够不上服侍洋大人的资格。可是顾客不尽是洋大人，中国人还占半数，其次美国人，其次法国人。每日的生意，以中国菜最受欢迎”。[②]

非常有意思的是，中国菜中最受欢迎的不是中国传统的鲍参翅肚，也不是英美传统的杂碎，却是小笋和豆芽，而且价格都是贵到骇人：一个全鸭一百二十法郎（合中币大洋十七元），一个全

① 陈春随《留西外史》。

② 鲁汉《我的留法勤工俭学生活的一段（八续）》，1928年第76期。

鸡一百五十法郎，但小碟小笋却要十二法郎，一小碟豆芽也要八法郎——“这样发洋财的生意，不是美国财主不敢光顾”。小笋和豆芽为什么这么贵呢？鲁汉的解释是，法国当时既没有竹子（后来渐从外国移植到巴黎公园，但难于繁殖），又没有绿豆，所以这两种“宝贝”为洋人所不经见，他们也同中国人吃西餐的好奇惊恐万状一样，以为这是中国土产，从中国运去的；上中国馆，不吃这两样中国菜，算是乡巴佬。而且吃相更“可观”：他们趴在桌上吃了看，看了又吃，毕竟不知道是用如何巧妙的方法制造出来的，因为广东厨子故弄玄虚，将豆芽的根颠斩除，仅现一段芽干，使洋人见了，如遇丈二和尚摸不着头脑。正如我们乡下人说，洋鬼子跑到中国吃包子，不知糖是如何放进去的，至今还猜不透。还有些好意的洋奶奶，吃了我们大中华国的贵豆芽，尤恋恋不舍，向人打听了又打听，在中国是怎样制造法，如何从中国运来。万花楼的豆芽不仅出名，而且算得上暴利，并兼而赚得批发绿豆的溢利——美国人在柏林开一饭店，亦以重金聘一中国豆芽技师，每月必派专员至巴黎万花楼批发绿豆者，此所谓“良有以也”。除了批发绿豆，他们还兼做着批发中国茶叶、瓷器、牙筷、酱油的生意。尤其是酱油，自广东用木桶封好运去，大约每桶百斤，到了巴黎，须掺水六七十斤，盐四五斤，掺好之后，用小玻璃瓶装好，贴上红纸招条做成中国原庄货，卖与洋鬼子，不折不扣十个佛郎一瓶，也可谓暴利。至于茶叶和瓷器，以中国下等货在巴黎充上等货售卖，买者大半系上等妓院的鸨母，买去专为招待中国阔人及有中国癖的西方阔人之用，同样堪称暴利！[①]

二、中国文人齐聚之处

在梁宗岱的鼓动之下，1935年他的弟弟梁宗恒也来到巴黎，并记下了哥哥的万花楼轶事：

> 1920年代，我的哥哥写信给我们，他每天到那里吃饭，把我父亲气得大发脾气："什么！他每天去妓寨！"事实上，在中文里万花楼模棱两可。直译是"一万朵花"，但在中国，"花"有时表示妓女，正经的生意不会以"万花"为名的。[②]

因为哥哥的影响，梁宗恒不仅天天去中餐馆，而且先是投资中餐馆，后来经营中餐馆，堪称梁宗岱的"天天万花楼"的嗣响：

> 后来适逢二次大战结束，中西交通恢复，他（梁宗恒）计划返国。但是在此之前，必须处理一件重要事情。他在战前收到家庭汇来一笔数目可观的款项，投资在一家中国餐馆

① 鲁汉《我的留法勤工俭学生活的一段（八续）》；《我的留法勤工俭学生活的一段（九续）》。
② 刘志侠、卢岚《青年梁宗岱》，第156—157页。

> 的物业上，要取回这笔钱必须出售餐馆，但是买家不是一朝一夕能找到，因此迟迟未能成行。在等待这段时间里，他认识了中国大使馆一位官员，他是餐馆的常客。经他介绍，梁宗恒进入大使馆工作……1974年，巴黎第十区一家中国餐馆东主退休，主动向他出让生意，他接手后改名岭南饭店（Restaurant Le Lingnam），勤恳经营，度过了十多个安定的年头。[①]

梁宗岱“天天万花楼”，不仅是弟弟梁宗恒说，其他人也提到过。如过福祺在介绍完万花楼后说：“中国诗人梁宗岱，常衣翻领衬衫，就食于是。”[②]诚翩翩佳公子也。

“万花渐欲迷人眼”。梁宗岱固是“天天万花楼”，其他旅居或经行巴黎的众名流，也几无不涉足万花楼，诚有所谓人人万花楼之盛。光与梁宗岱同席万花楼的，就记不胜记。这其中，郑振铎记得最详细，同时也引出了一众万花楼的常客，以及几位“天天万花楼”的主儿。

1927年“四一二”事变，郑振铎因领衔在报纸上发表抗议公开信，一时陷于险境。他的岳父、商务印书馆元老高梦旦先生便

① 刘志侠、卢岚《青年梁宗岱》，第25页。

② 过福祺《巴黎之中国饭店》。

力主他出国避难，遂于1927年5月21日抛妻别子远赴法国，同行的有徐元度、袁中道、魏兆淇及陈学昭。以郑的地位、家世，到巴黎自然离不了万花楼。1927年6月26日，郑氏甫抵巴黎，稍事休息，即前往万花楼吃饭，并记曰："这是一个中国菜馆，一位广东人开的。一个多月没有吃中国饭菜了，现在又见着豆角炒肉丝，蛋花汤，虽然味儿未必好，却很高兴。"吃完中饭，"晚饭也在万花楼吃"。[①]同行的北京大学的徐霞村则记得更详细："万花酒楼离旅馆并不很远，只穿过一条大街就可以看见它的大匾。虽然房子是西式的，里面却很带中国的味道，朱红的色彩和东方的图案充满了全厅，成堆的中国学生聚在桌子上，间或也杂着一两个西洋的男女。""当一个说北方话的中国侍者走过来时，高君便把菜的号数告诉他，不一会，菜就来了。我们每人面前有一个盘子，一切的菜都是先用匙子拨到盘子里，然后再用筷子吃。"[②]徐霞村归国后，历任北京大学、厦门大学等校中文系、外文系教授，成为著名的作家、翻译家和辞典学家，是文学名著《鲁滨孙飘流记》的译者。

这第一顿，没有遇见梁宗岱，却遇见另一个"天天万花楼"的袁昌英女士（杨太太）——"她是天天在万花楼吃饭的"。[③]袁昌

①③ 郑振铎《欧行日记》，第86页。
② 徐霞村《巴黎游记》，光明书局1931年版，第45页。

英，湖南省醴陵人，1894年生，1916年自费留学，次年升入英国爱丁堡大学学习英国文学并获文学硕士学位。1926年短期回国任教并与经济学家杨端六结婚，后来到巴黎大学继续深造，再于1928年回国，后先后任上海中国公学、武汉大学教授，创作了大量的文学作品。解放后还将毛泽东诗词翻译传播海外。郑氏附注的杨太太之杨即杨端六，也是湖南人，1885年出生，1906年赴日本留学，留日期间加入中国同盟会，1913年又到英国伦敦大学政治经济学院攻读货币银行专业，1920年回国后，在上海中国公学兼任经济学、会计学教授，在商务印书馆担任会计科主任，对商务印书馆的会计制度进行了改革，被称为中国商业会计学的奠基人。1926年与袁昌英结婚时，担任中央研究院经济研究所所长、社会科学研究所研究员。因此，杨婚后赴法，自是有足够的资本"天天万花楼"了。时隔不久，7月2日晚她还请郑振铎和朱光潜、吴颂皋等吃了一顿高档的"万花楼"——菜特别好，因为是预先点定的。入乡随俗，万花楼也不可能成日做地道的广东菜，要想地道，只有预订，多年以后，仍是如此。浣南《巴黎之中国饭店》也说万花和萌日两家必须"先期定菜"，才"可得甚佳之广东菜"，不过"其价特昂耳"！

日记所见，第二天即6月27日，郑振铎午饭仍在万花楼吃，当然也遇见梁宗岱了，不遇才是偶然的；还遇见了吴颂皋和敬隐渔，吴、敬二位也都是名流。吴颂皋1898年生，江苏吴县人，曾任汪伪上海市政府秘书长，1945年又任南京国民政府第六任司法行政部部长。此际则由复旦大学毕业留学巴黎大学，进修法科。敬隐渔则相对困苦些，1930年即因长年性病等原因投水自尽。他的性病，大约染自巴黎，罗曼·罗兰曾资助其治疗；是他第一个将其名著《约翰·克利斯朵夫》翻译成中文，刊登于《小说月报》1926年第17卷的头几期，当时写作《若望·克利司朵夫》。其实早在1924年的7月，他即获得罗曼·罗兰的亲笔复函，信函立即被翻译后刊在《小说月报》上。借此渊源，他又把鲁迅的文章翻译成法语，发表在由罗曼·罗兰创立的《欧罗巴》杂志上；《阿Q正传》就是他首译的。因着这光辉的历史，连郑振铎中午见了他，晚上即请他在万花楼吃饭。当然也遇见了梁宗岱，并一同到他家坐了一会儿；梁宗岱还对他说，他的生命便是恋爱与艺术，而近来有所恋，心里很快活。所恋者谁？传记作家们至今也没有交代。

或许因为这种快活，梁宗岱多有请郑振铎等吃万花楼。郑氏7月16日记："宗岱又请我和光潜吃饭，仍在万花楼。"8月10日记："（高）元来，同到万花楼吃晚饭。"8月19日记："宗岱来，把我叫醒……元和蔡医生亦来，同去万花楼吃晚饭。"8月25日记："蔡医生和宗岱来，同到万花楼吃晚饭。"当然，万花楼这种好地方，没人请，自个儿也去。如7月4日记："在万花楼吃饭。"8月15日记："七时回，到万花楼吃饭。"8月30日有朋友来则领着一块去用晚饭："蔡医生来，同到万花楼吃饭。"

胡适留学海外多年，回国后又多次因公外访，包括出任驻美大使。从其日记看，上中餐馆吃饭的记录不多，事实上也去得不多。如1914年9月5日记："至春田（Springfield），入一中国饭馆午餐，久不尝祖国风味矣。"看来他在康奈尔真是不上中餐馆的。而波士顿的留学生，可是多上中餐馆的："至上海楼晚餐，遇中国学生无数。"或许因为受此"刺激"，第二天（9月6日），从波士顿公家藏书馆出来，他又上了一次中餐馆："出图书馆，至上海楼午餐。"[①]

但是，到了1926年8月至12月，胡适因处理英国庚款事宜游历欧陆期间，尤其是在法国，其日记中则多有上中餐馆的记录，而上得最多，也最有故事的，当然是万花楼。他第一次上中餐馆是8月5日在伦敦："使馆陈代办请我与兆熙吃便饭，在探花楼。此为出国后第一次吃中国菜。"这探花楼，是广东馆子，前已有述。胡适从英国东行法、德等国再返回伦敦，又有去探花楼等中餐馆的记录。如12月12日记："下午四点到探花楼，赴'旅英各界华人会'的茶会，我略演说。"这也可见万花楼在当地华人中的地位和影响。也有去其他中餐馆。如10月1日记："Johnston（庄士敦）邀我与兆熙吃茶，茶后我邀他们去杏花楼吃饭。"11月19日记："到上海楼吃饭，许多时不吃中国饭了。"这是因为他离开法国后，返回英国前，几乎没有上过中餐馆；日记中也确实

① 胡适《胡适日记全编（一）》，安徽教育出版社2001年版，分见第450、452页。

没有在德国等地上中餐馆的记录（在德国期间几不记上饭馆事）。12月9日又有记："Meal（米尔）邀我到上海楼吃饭，会见有名的Dr. Grenfell（格伦费尔博士）。"[①]上述几家，均系广东馆子。

8月23日到的巴黎，因为有公干，也是使馆请客，也是去的万花楼："傍晚去使馆……与显章、小松同去万花楼吃饭。"万花楼真乃贵介云集之地，上文提到郑振铎在席上碰见不少"高人"，胡适更不例外："碰见姚锡先夫妇，他们邀我们加入同餐。遇见沈篑基秘书夫妇。姚君是张学良派来的，与张学良很亲密。"次日晚，又在席上见了赵颂南："晚间显章约我吃饭，会见巴黎总领事赵颂南先生……一八九七年来法国留学，与吴稚晖、李石曾最相知。此君是一个怪人，最近于稚晖先生，见解几乎是一个吴稚晖第二。"8月29日又有记："在万花楼吃午饭遇见李显章夫妇，陈天逸及其未婚妻叶女士。"[②]

此间，留学英伦的邵洵美做客巴黎，应该和朋友们多有上万花楼，虽然没有直接说，但间接的表示还是很明白。如他说，当时法国政府实施了一个新的经济政策，法郎大大地跌价：原先一个金镑换一百五十几个，现在可以换一百九十几个了。而他在美国劳易治银行的存款全是金镑，于是在巴黎大阔起来。"可是老

① 胡适《胡适日记全编（四）》，分见第241、461、368、430、459页。
② 同上，分见第256—258、264页。

谢他们在巴黎的生活本来很俭朴，带我去的地方，不是展览会即是博物院，至多到有名的戏院里去看一两出戏，或是到有名的菜馆里去吃一两次饭：我有了钱竟然没有花费的机会。万花楼斜对面有一个卖石膏像的铺子……”他处也提到万花楼：“万花楼离开展览会没有多少路，大家决定不雇街车。我们一共有八九个人，走了不上几步路，已经两个一起三个一起地分开了。”[①]显然都是在万花楼吃饭后离去。

在万花楼帮过厨的鲁汉，因送菜收碗的关系，透过壁板小孔，也观察到客厅中诸多中国“名流”；这些名流，除公领两馆的幕友秘书外，竟然是“以学生（自然不是勤工俭学生）为经常主顾”——他们也确实称得上名流：“去时大半带有一两位极漂亮的法国小姐。间或有带中国女士的，但是极少极少，有两位中国女士，我不知道她们的尊姓大名，每晚必去用餐，去时，必有一两位中国男士挽臂同行。用餐之后，照例是同去的男士会钞，而同去的男士，每间二三天一换，或者是按照甚么班次轮流去的抑或那两位女士也是交际明星？”当然他也见过并亲自服侍过真正的大名流，即赴华盛顿参加太平洋会议途经巴黎用膳于此的中国代表、前北京大学代理校长蒋梦麟先生。蒋梦麟到的时候，由于才下午四五点钟，宾客未集，独坐一隅，无人搭理；好不容易有

① 邵洵美《儒林新史：回忆录》，上海书店出版社2012年版，分见第105、75页。

人上前招呼，他也只点了几碟价钱极低的小菜将就吃了一顿，总共才不过29法郎，让侍者都觉得他是“不配招待的客”。可是他却吃完了还不肯离去，一位管事者大约想支他走，便上去跟他攀谈，始知他新从美国来，街道不熟，所以先到中国人的饭店看看。后来管事的才知道他是大名鼎鼎的蒋梦麟，立马毕恭毕敬。蒋想看中国报纸，店中却只有鲁汉订的一份《时事新报》，管事的又忙跑到厨房找鲁汉要来奉与蒋先生。接下来，时间已届晚餐，就不只让店员惊慌，而是让那些挽着法国女人成对成双而来的中国留学生惊慌了：“蒋先生见过这出爱情喜剧开幕，放下报纸不看，专看这种不售票的爱情表演。那些演员没有认识蒋先生的，所以无人去理会他。还未到杯盘狼藉之际，那位张先生悄悄地向一位演员泄露了蒋先生的大名，一刹那间传遍了满堂，大家颇露惊惶惭愧之色，表演未终，竟藏欢而散。”方此之际，使馆的李领事却带着比国女子并约了别的几个法国女子来此聚餐，更是倍觉尴尬，深觉过失。“蒋先生至此，始而遭轻视，继而变逢迎，始而枯寂，继而喧阗，终而又返于枯寂，不过三点钟的光景，恍如经历了几个世界。”作为弥补，次日午刻，李领事邀请蒋先生到万花楼用餐，而且自此以后，蒋先生每日中晚两餐必在此地，这反使得一班老主顾中国学生竟因此足不敢踏万花楼之门，直待一星期后蒋先生离了巴黎才敢复来，实在是非常有意思的万花楼轶事。[1]

其实，与广东馆子万花楼相映衬的，还有一家特殊的“广东馆子”，即广东人郑毓秀博士“家庖尤精”的“巴黎客厅”：“郑为中国女子留法大学毕业第一人，攻法律学，现为博士候补者，家本殷富，人复开通，所居结构绝佳，家庖尤精，座客常满，各界多有往还，人目为社交之花，或称为使馆第二，华人游法京者无不啧啧道郑女士也。”[2]这话应当可信，因为文章作者乃1911年即组建中国第一个以“党”命名的政治团体中国社会党的江亢虎，多少风流人物皆出其麾下：李大钊为其天津支部干事；陈翼龙为其苏州支部总务干事，顾颉刚、叶圣陶、王伯祥则为成员；1922年，他还在上海创办南方大学并出任首任校长。

惜江亢虎未能阐明郑毓秀“家庖尤精”的精义所在——粤味！郑氏乃地道广东人，出生于广州新安（今属深圳）。祖父因香港开埠成为富商，父亲则以功名成为清廷户部官员，既富且贵，又当“食在广州”享誉寰中之际，家庖焉能不精！再则，以郑氏当日之地位，其巴黎客厅足可佳肴宴嘉宾，远非林氏的北京客厅可比。郑氏1908年即在东京加入同盟会，曾两次参与暗杀清廷要人的行动。她1914年留学巴黎大学，乃因“革命事业”突出，见忌于袁世凯，

① 鲁汉《我的留法勤工俭学生活的一段（十续）》，1929年第78期；《我的留法勤工俭学生活的一段（十一续）》，1929年第79期。

② 江亢虎《游法感想记》，《东方杂志》1922年第13期。

避祸而来，并相继获得硕士、博士学位，成为中国第一个女博士。其间，还于1918年获广州军政府外交委员会委派，在法国进行国民外交工作。此际，则为留法勤工俭学运动重要领袖。如此，则其家厨在巴黎的影响，当有甚于李石曾之家厨了。

三、递相为国共政治平台

不过胡适对郑毓秀甚不待见，他1930年10月11日的日记记其博士论文答辩时，差不多每个问题都回答说："从中国观点上看，可不是吗？"且言其博士论文《中国比较宪法论》乃王宠惠捉刀，由谢东发翻译成法文。[①]换言之，郑不过一学殖空疏之政客耳。不过，在巴黎，在万花楼，作为自由主义者的胡适，也真还卷入了党派政治；胡适所记另两次万花楼东主张南请客的记录，颇有此意味。第一次是1926年8月30日："万花楼主人张南请我吃饭，此人是国民党，很有爱国心。他颇瞧不起驻欧的各公使。我真不怪他。"[②]要知道，此前不久的7月9日，国民党已经在广州誓师北伐，而胡适正是由北伐的对象北洋政府所派，公使们当然也是由北洋政府所派——上头在开战，下面在请客。第二次就更有意味，这一次具体是哪一天至今学术界尚无定论，只是他在1926

① 胡适《胡适日记全编（五）》，第809页。
② 胡适《胡适日记全编（四）》，第266页。

年9月18日日记后夹了一张《警告旅欧华侨同胞》传单："请注意孙传芳走狗胡适博士来欧的行动！……此次胡氏来欧，假名办理退还英国庚子赔款事，实衔了孙传芳的命令，来与英国、法国等帝国政府协商勾结阴谋……"落款是"中国旅欧巴黎国民党支部启"。胡适1930年12月30日才补记说：

> 这一张"传单"是有人在巴黎万花楼上散发的。
>
> 有一天晚上我同孟真等约了在万花楼吃晚饭，我偶然被一件事担误了，去的很迟。我在门口碰着万花楼老板张楠，他低声说："楼上有人发传单骂你，我特为站在门口等你，你不要进去了吧？"我大笑，说："不要紧，我要吃饭，也要看看传单。"我上了楼，孟真、宗岱等人都在候我吃饭。[①]

大约是当时北伐军势头正盛，故远在海外者亦敢造次，然亦属造次。不过胡适也不以为意："当时我每天写几千字的读书日记，没有工夫记此等事。今天翻开此册，补记于此。"[②]我们当留意的是，巴黎的中餐馆与国内政治涉入之深，兼之这张南又热衷政治或者政治之名，如何不故事连篇：

①② 胡适《胡适日记全编（四）》，第340—341页。

> 南好虚名，每以华侨领首自命，去年孟夏，祖国伟人先生之游法者，为数甚众，慕张声望，尽与周旋，张亦曲意承迎，盛筵款待。有甲乙两先生，数十年同道患难友也。不知因何，忽生意见，既抵法，分道而驰，对为张南，则争引为知己。张既与诸先生游，巴黎一般现任博士、即补博士、候选博士等，闻而羡之，为欲瞻仰伟人颜色，则尽趋万花楼饮食，借以纳交于张，求为先容。得张游扬者，即为伟人优待。为张不喜者，伟人即挥诸门外。张之潜势力有如此者。[①]

其实海外中餐馆涉入政治，是有传统的，毕竟海外中餐馆业是华人的主业之一，也是孙中山早期革命经费的重要来源；孙中山加入美国华人帮会组织洪门并出任大佬洪棍之职，正因为此。凡属在海外久居下贱者或相对弱势者，往往民族性、革命性强，至今依然。是以中餐馆的革命传统可谓历史悠久，而巴黎的中餐馆更是风云际会。中华饭店创办人李石曾1906年加入一年前才成立的同盟会，自然是绝对的党国元老；中华饭店后来成为勤工俭学运动留学生的活动中心，饭店名字出现在很多文献中，在中国教育政治史上颇留下了光辉灿烂的一笔。[②]或许因为政治地位太

① 佚名《万花楼》。
② 刘志侠、卢岚《青年梁宗岱》，第156页。

高，以至有人煞有介事地说，李石曾在巴黎并没有开过豆腐公司，此人说北伐前自纽约归国曾亲往巴黎拜访李石曾，李石曾亲口对他说自己是孙中山在巴黎的代表，是党国在巴黎的头面人物，与张静江开豆腐公司只是革命的幌子，其实并没有真正卖过豆腐。[①]

除中华饭店和万花楼的政治渊源外，其他各中餐馆，也几乎是一店一党，各有各的政治立场或倾向，令人称奇。当时就有人说："最奇怪的，各个饭店，代表一个党派：万花代表张南（万花的经理）派，东方三民社或西山派，北京四十一号，天津改组派，上海国家主义派。萌日、中华没有派。各派的刊物，在各派饭店出售，各派的人都在各派饭店吃饭。不然大家就叫利权外溢了。"[②]特别是张南既是国民党人，万花楼又是华人名流聚集的中心，自然成为"党国"的重要海外政治平台，孰知未几却成了共产党的政治平台。

《青年梁宗岱》中提到，1927年，张南把生意转售给湖南人姜浚寰。姜据说是一位一战华工，后来经营小工厂赚了钱。但何以转让，却未及之。倒是《东省经济月刊》有一篇文章，约略提及："南自入狱，弟才闻耗，从伦敦赶至，往探，狱吏不许入。闻南犯两重刑事罪，在检查期中，不得与人接见。才顿足大哭而罢。"[③]原

① 葛藤桥《李石曾与巴黎豆腐公司》，《新闻天地》1946年第12期。
② 丁作韶《巴黎漫笔：鲫鱼般的中国饭店》。
③ 佚名《万花楼》。

来是触犯了刑律，无可挽救，自身难保，遑顾酒店！

姜氏的管理人员中，有一位管账的周竹安，是中共驻法国负责人之一，1939年返国后，还继续地下工作，1949年进入外交部，1954年被委任为驻保加利亚大使，万花楼在他离开的1939年结业。其实政治光环并不只罩在这位周账房头上，还罩在其老板姜浚寰头上，且更闪亮。这姜氏在法做过工办过小工厂固不假，与一战或许也有些关联，但绝不是普通的贫贱的一战华工出身。因为其胞兄姜济寰，号咏洪，湖南长沙人，辛亥革命后担任长沙首任知事，显是家有根底的党国大佬。并先后担任国民党湖南支部评议员、湖南省议会议员、湖南省财政厅厅长、湘军总司令部秘书长等。北伐战争时，姜济寰随军进入江西，初任江西财政处处长，江西省政务委员会副主任、代主任，并在代理江西省政府主席期间参加南昌起义，立下大功，成为起义后首任江西省革命委员会主席。

其实这一转变，也其来有自。姜济寰先与徐特立共同创办长沙师范学校，从事教育事业，五四运动时，又参与发起俄罗斯研究会，当选为俄罗斯研究会总干事，并资助毛泽东等建立文化书社等的革命活动。1919年7月初，徐特立偕17名学生从长沙经上海赴法勤工俭学，姜济寰即遣姜浚寰同行，并帮上了大忙。当时赴法船票一票难求，幸赖姜在法做过工，认识法国货轮“波多斯”号上的水手，得以以相当于客轮半价的代价搭便船赴法。如果姜浚寰仅是一普通华工，是不可能与洋船熟络至此的。网络上有一篇姜济寰之孙姜卫国写于新西兰基督城的文章《我爷爷和父亲在“八一南昌起义”前后》说，南昌起义后，姜济寰父子逃亡日本，“幸好我的五叔爷姜浚寰已经在法国巴黎开了一间小型工厂，收入甚丰，他时常汇款到长崎来资助我爷爷和父亲（姜治方）的生活”，这与其收购万花楼的时间和能力都是吻合的。1929年后，姜济寰重回党国，以行政院参议终其身，1935年病逝于南京。如此，则万花楼的党国传统赖以不坠。

关于万花楼与共产党的渊源，当事人周竹安后来也有亲述，而且还与著名教育家陶行知有关。抗战胜利后，著名编辑家王敏先生在编辑《行知诗歌集》时，发现了其中一首写于1936年10月10日的《巴黎万花楼中法友人共庆双十节》的长篇歌行，其中的友人之一恰恰是与他共同编辑《行知诗歌集》的周竹安。原来1936年7月，陶行知受全国各界救国联合会（陶是执委和常委）派遣，以民国外交使节身份出访欧、美、亚、非等28国，宣传抗日救国，介绍中国大众教育运动，途经巴黎时与周竹安相识。周竹安对王敏说：“当时我在巴黎万花楼管账，在那儿结识了陶行知。”但没有做进一步介绍。直到1954年，王敏调任北京三联书店，周竹安即将出使保加利亚，始尽道原委。周说当年在巴黎从事地下工作，担任中共巴黎支部负责人之一，因与万花楼经理姜浚寰有同乡之谊，获聘为酒楼管账。这种政治身份，在当时自然不便告诉王敏。周竹安的上司、中共旅欧支部负责人吴克坚也于

1935年来到巴黎，担任巴黎《救国时报》总经理。因此，万花楼便成了革命活动的据点，并为巴黎的国民党特务所侧目。要知道，陶行知是当时的著名民主人士，所以他1936年8月一到巴黎即与吴克坚、周竹安等人取得联系，此后便频频出入万花楼，共同倡议并联络在巴黎的陈铭枢、王礼锡等各界名流，组建了“全欧华侨抗日救国联合会”，并于9月20日举行了盛况空前的成立大会，还在会上发表了《〈团结御侮的几个基本条件与最低要求〉之再度说明》的演讲，以及即席创作了《中华民族大团结》诗歌等，慷慨激昂，不能自已，遂于国民政府的双十节，再作诗以纪其盛。[①]万花楼的政治传统，至此完全颠覆，殊堪玩味。

① 王敏《陶行知与巴黎万花楼》，《世纪》2007年第2期。

第四章 德国中餐：相对后起，与时沉浮

由于德国不在中国人西行的主航线上（国人赴德，或陆路横穿西伯利亚，或海路经法国前往，而以后者为多），因此早期赴德的中国人，无论时限与数量，相对较英法为弱，因此中餐馆也相对后起。最早旅抵德国的中国人，是一对广东台山的孪生兄弟冯亚生、冯亚学，因其伯父任广东海关税收官之便，于1816年出于好奇而搭船先赴英伦，后赴德国。1823年3月他们在柏林贝伦街65号表演二胡，实际上是展览，去参观的人要两块普鲁士币。参观过的人很失望，他们原以为中国人跟德国人差别很大，一看才知道差不多。二人于1826年受到普鲁士国王威廉一世接见，并进入哈勒大学协助汉学创始人之一威廉·夏特编写汉语词典；威廉三世时还当上了宫廷茶道师，同时从事汉语翻译。这也说明德国与中国的人员与文化往来，远不如英美。后来的故事进一步说明了这一点。1877年，清政府在柏林设立大使馆，大使馆周围建了高大的围墙（德国建筑没有围墙），因为长城的翻译为Great

Wall，柏林人误以为大使馆的围墙就是“长城”，因此吸引了很多人来参观。大使馆人员从围墙里面给孩子们扔糖果，这样吸引了更多的孩子来看“长城”。[①]大使馆都设立了，可是中餐馆却仍未见记载；中餐馆的真正兴起，则有待留学生的涌入。

第一节　从贵族享受到平民生活

一

第一次世界大战后，德国马克狂跌，留学成本大降，留学生纷至沓来，形成所谓“金色的20年代”。马克跌到什么程度呢？举一例：“有一老妪卖去五层楼房一所，所得马克若干万，到了一星期后，只够买面包一个了。”[②]马克的这种狂泻，对于本国老百姓当然是灾难，但对于持外币的留学生又是怎样一种影响呢？《国闻周报》驻欧记者心如说：“当德国生活经济变动最烈之际，使用外币之外国人，在德国生活，占尽便宜，所费无几，而得与留学他国学生同受优良之教育。因此我国一部分素具外国留学欲望而小有资产之学生，皆以此为千载难逢之机会，皆向德国蜂拥而来。”连一些原在英美等国的留学生也转道而来：“此外更有一

① 周大鸣《柏林中国移民调查与研究》，《广西民族大学学报（哲学社会科学版）》2012年第3期。

② 遂子《留德杂忆（一）》，《人间》1943年创刊号。

部分欧美留学之官费生及纨裤子弟式之自费生闻德国马克下落，生活便宜，每人每月腰挟二三十英镑或百数十元美金，多来德国享受贵族式之生活，行必乘汽车，晚必坐酒楼，跳舞挟妓，视同家常便饭。于是在王侯街一带，随时均有黄色肤之阔少。”[①]一位名为“唤醒”的留德学生有更早更贴近的观察，他1922年2月20日在柏林写的一篇文章中说：“目下有许多留英留美留法留瑞士的官费先生们，都跑到柏林转学；挟英金二十镑，瑞典钱六百佛郎的月费，在柏林纵情极欲；跳舞场出，咖啡馆进；金屋藏娇，订期同居；都是他们招人入伍的好广告；有一位安徽政务厅长的大少爷，一举手给茶房小费万马克，在柏林中国学生社会中传为一时佳话。”[②]也有一些德国周边的留学生趁机携外汇来度假享受生活的：“第一次世界大战后，德国战败，割地赔款，民不聊生。德国货币马克贬值，法郎却大幅度升值，我和几个同学利用这机会，到柏林度过了二个月的暑假。”[③]

在此形势下，留德学生短时间内飙升至近千人；后来有学者考证说，1923年，单柏林一地的中国留学生就达1000多人，主要在柏林工业大学就读，聚居在柏林夏洛登堡区。[④]柏林的主要饭

① 心如《留德学界之新气象》，《国闻周报》1925年第8期。
② 唤醒《留德学生底生活——德国大学底情形》，《民国日报·觉悟》1923年2月2日。
③ 吴暾《赴法勤工俭学琐记》，《福建党史月刊》1990年第4期。
④ 周大鸣《柏林中国移民调查与研究》。

店，也正是随这波留学潮而开张。比如柏林康德大街130B号天津饭店，就在1923年开张，设施标准一流，服务员全系着燕尾服的德国人，成为亚洲高等人聚会中心，学生也“大都戴着圆角眼镜，头发光溜向后梳着”。[①]

马克暴跌之下，我们可以带着享受的心情，算一算德国美好生活的细账：“每年以美金二百四十元，或英金六十镑为标准，较为适当”；[②]北大留学生曾华祺1922年初抵柏林的头三个月，在一德国人家里寄食，“每日凡五餐。德人上等家庭多五餐，支配极卫生。每月房食费初来一千五百马，现已增至两千五百马。盖各物俱昂，势使然也。然此等生活，实德国上等生活。闻中等生活，每月房食一千五百至两千足敷应用云。教员束修，每月约六百马。其他洗衣理发果品书籍衣服等，一千五百至两千。足敷应用。祺以衣服均在国内制齐，故不须添制衣服。虽生活稍昂，而四千马实敷一月之用”。[③]确实奇贵，因为远远超过了每月六百马克的一般教师的收入。但是，对于怀揣美金英镑的留学生来说，则又显得甚便宜了：“每月有美金二十元，或英金五镑，足敷应用。如真能节省，尚可较此稍省，此实未可臆断者矣。”[④]试想想，朱湘在美国留学时，每月八十美金的官费——当然还要省

① 李明欢《欧洲华侨华人史》，第194页。

②③④ 佚名《留德学生的两封报告信》，《北京大学日刊》1922年5月11日。

出一些寄回将养妻子——却过得形如饥民，如果携来德国，二十块美金过上等的生活，真是天壤之别啊！著名印象派诗人李金发后来回忆起那段生活，也是舌咂咂的："我们以后每日都在饭馆里碰头，我们因为马克的通货膨胀的关系，饮食相当阔绰，有些像美国人带着金圆到中国来。"①

自1920年起留学直到1936年去世一直居留德国的著名音乐家王光祈说："战前德国大学学生，每人每月约需一百二十马克，合中币六十余元。吾辈远道来此求学，人地生疏，每月所需，自较德国本地学生为多；故战前中国留德学生，每人每月约需中币一百元。战后物价腾贵，现在德国本地学生，每人每月约需六百马克，中国学生每月若有一千马克，则绰绰然有余裕矣（其实，俭省者有六七百马克亦足）。以现在市价而论，只合中币二十元（若俭省者，只合中币十五元）。其生活之优美安适，若移在北京、上海，至少非八十元一月不能办也。"②至于王光祈之所以滞留德国而不衣锦还乡，有说是因为当年他先行赴德，其女友即新文化运动中"只手打倒孔家店"的吴虞之女吴若膺后船而至，却不料在船上跟后来创造社名家王独清相恋，他在前往巴黎迎接时察觉其奸，备受打击之故。此系轶闻，兹不赘。

① 李金发《留法追忆》，《西风》1938年第25期。
② 王光祈《王光祈旅德存稿》，中华书局1936年版，第442页。

然而，好景不长，盛极而衰，留学生人数也随之日减，到1925年已剩不过四五百人，只及最多时之半数。人数锐减的原因虽多，“但其重要者不外二事，盖因德国生活便宜而来之俭学学生，自德国新币发行后，觉生活程度飞涨，已有朝不保夕之势。加以国内终年兵连祸结，影响所及，各家庭不仅不能增加接济，即原有最低限度之维持费亦不能应时供给，故在近半年来，此地同学有饥饿一二日者，有无住室者，其窘困之状况，真非笔墨所能罄尽。如在法美留学处此境遇，犹可以暂做苦工，维持生活，顾在德国则其国内失业工人，尚无法安插，岂更有余地容华人插足，是以有许多同学不能维持，只有辍学归国，或赴他国作工，而一部分来德国专作投机事业之中国留学生，亦因无便宜可图，相率离去”。留下来的学生，多经济不宽、刻苦求学之青年自费生居十分之七八，官费生仅十分之二三。即便是官费生，过得也很艰难。以前每月五镑可过上等生活，现在“官费虽有二十镑英金一月，亦仅足敷俭省之生活”。[1]

其实，对这种“贪便宜心态”，当时就有人提出警告。如沈怡说，1921年夏天他到德国时，一块钱华币才换四十马克，到1922年7月间，已可换到二百余马克，表面看起来赚大发了，但是去年一个月费用只须二千马克，如今则须五千马克，算来算

① 心如《留德学界之新气象》。

去，还是差不多。因此，这种汇率真正利好的，只是那些临时过境的商旅者，而非长住的留学生。[①]留德学生唤醒也说，德国人知道你们在汇率上大占了便宜，所以对外国人加倍收费："彰明昭著的是规定五倍，暗中更不知怎样玩法。同色的黄发碧眼外国人，尚可设法混过；至若我们天赋区别的黄皮洋大人，简直丝毫无假可作；只有硬起肩膀承竹杠。学费打从本季起，外国人一律征收一百五十金马克，照战前各国汇价计算，再折成现时马克缴纳。书价尤为突飞得吓人！在最近几个月之内，突升上四百五十多倍，真算无理可讲；这却是我们在外读书人的一个制命钉。"[②]

因此，杨步伟1924年6、7月间随赵元任第一次漫游欧洲到达德国时，所见的那班因德国马克暴跌而来的英美官费留学生，此际其实也过得很艰苦。她说了两个堪称经典的动人故事。一是有一天傅斯年等想请他们喝茶，时间却定在下午3点；他们刚吃完午饭，以为照例是一点点心和茶，岂知到那儿（傅斯年房东家）一看，除点心外，桌上的冷肠子肉等等一大堆。她和赵元任虽然喜欢，但并没有吃多少，倒是傅斯年他们全不客气，狼吞虎咽地一扫而光。杨步伟见状，说德国吃茶真讲究，在美国吃茶只一点糕饼什么的，连三明治都很少有。傅斯年闻言却

① 沈怡《游德须知》，《同济杂志》1922年第11期。
② 唤醒《留德学生底生活——德国大学底情形》。

显得有些不愤："赵太太！你知道这都是我们给中饭省下凑起来的请你们，你们不大吃，所以我们大家现在才来吃午饭。"他们这一班人，在德国有点钱都买书了，有时常常吃两个小干面包就算一顿饭；听说俞大维日睡夜起乃是为了减省白日里的开销。另一个故事是，有一天俞大维和陈寅恪要请他们夫妇看韦伯作曲的歌剧《自由射手》(*Der Freiscbutz*)，可是送到剧院门口就往回走，她纳罕地问："你们不看吗？"俞大维笑笑，陈寅恪则说："我们两个人只有这点钱，不够再买自己的票了，若是自己也去看，就要好几天吃干面包。"这个时候，即使再见到留学生们特别是他们这班人到中国饭馆去吃饭，也只不过各付各的聚拢一道来吃而已，再也见不到从前那种贵族式的场景。不过这般穷留学生食既不兴，色字当头，捣鼓帮这个离婚，帮那个离婚，首当其冲的是陈翰笙和他的太太顾淑型，以及徐志摩和他的太太张幼仪，当然也没有放过杨步伟："有一天罗志希来，说有人看见赵元任和他的母亲在街上走，我就回他：'你不要来挑拨，我的岁数，人人知道的。'"①

二

欧美大学，多无宿舍，德国也不例外。当时的《留德指南》

① 杨步伟《杂记赵家》，第51—53页。

说，学生多住在私人贷室。这种私人贷室，多系老年女人借以营生，房租高低不等，以设备地点为标准，大概穷苦学生住室，每月约五六十马克，电灯、咖啡、洗被在内，室内例有钢丝床、大沙发各一张，衣橱、食物橱及盥洗柜各一座，书桌书架齐备，地板多铺毡毯，浴室暖炉另外加费，日八九马克不等。这么好的条件，真会让人觉得堪比中国达官贵人的公馆，穷学生住似嫌阔气，故特别指出：其实欧洲物质享受，较之东方丰富十倍，常人住室皆系如此。①

住得虽然不错，吃得却真心不好，不过学生饭堂所呈现的德国式严谨乃至刻板的特色倒令人印象深刻：

> 大大的食堂放着无数长桌，只见坐满了人，各人都低着头，在那里狼吞虎咽，在他们的后面立着一个人，正在等他吃完，而取其位而代之哩！我的朋友先领我到柜台上，用四个马克买了十张饭票（可用十次）。同时他叫我也立在人家的后面等着，看见他吃好了，立起来走了，我的朋友就叫我将有背的椅子靠在桌子上，这就是说："这位子已经有人了。"就没有人来占了。我跟着我的朋友走饭店的那边角上，只见一大堆的人，排着队伍立着，毫无拥挤的情形。我们也就排

① 孤鸿《留德指南》，《读书杂志》1931年第3期。

在队伍的后面，慢慢的向前走，走到前面，看见二大铅桶，一桶是汤，一桶是洋番芋浆。桶旁有大芋，桌子上放着一大盆的所谓德国腊肠，并刀叉匙等。二个胖妇人穿着白的衣，在那里倒汤或盛番芋。我给她半张饭票，他就给我一盆汤和一只匙。我捧着回到桌上，就痛饮了汤，吃完之后，再拿这盆子再排在队伍里面跟着再走，等到快到我时，我给了她另外半张饭票，她在我盆上盛了番芋浆，放了二根腊肠，并给我刀和叉，我又捧回原地，如虎般吞了下去！在这种极大的饥荒中，本不知食味之美否，只要吃个饱就是了。吃完了，就立了起来。哈！在我背后早立了一位碧眼儿，他不等我走开，已将椅子提起靠在桌子上，重又开始这机械式的循环了。在午中自十二时至二时，在这大食堂里，总有数千的大学生费去几分钟的工夫，饱吞了一顿。在这二小时的时间，只见人山人海，挤个不通。可是在秩序上却是整整齐齐，个个依次排序，从未有争先夺后的现象。[1]

更令人印象深刻的，或许是当局对大学生的特别优待，特别是学生救济会及其附设学生饭馆，那真是德国式的“人道主义”：周票每顿五十五分尼，零票每顿六十分尼，只要是正式学生就可

① 千里《留德杂忆（三）》，《青年中国》1936年第4期。

购票就餐，后来放松到只要是外国留学生即可，不问你是哪所大学的。诚如王光祈所言："德国大学，极优待学生。若在校内进膳，每餐只收二马克半，较之外间饭铺便宜一半。"[①]

所谓便宜无好货，对于家境相对不错的中国留学生来说，自然觉得学校食堂吃得差，故而在大学食堂里吃饭的实在只占少数；渐次开出的中国餐馆，便应和着学生们的需求，而且他们还觉得物美价廉呢："他们在饭馆里或中国菜馆里，仅贵一二个马克，也可舒舒服服地吃一顿饱。用不着自己动手，却有堂倌服侍你非常的周到。并可选择你所喜欢的东西，还可喝杯酒，以助雅兴。"[②]孤鸿的《留德指南》也指出："近年来以留学生增多，柏林中国菜馆的生意亦日兴月盛，现在已有天津、津汉、中国、东方等数家。"并且这些菜馆都有为学生特设的定菜（三样菜一杯汤），每顿需一马克半以上，点菜稍贵。

第二节　柏林的知名中餐馆及其轶事

民国时期，德国的留学生和华侨，主要集中在柏林，相对英美法，数量实在不多，特别是1922至1923年高峰之后，到1925年

① 王光祈《王光祈旅德存稿》，第442页。
② 千里《留德杂忆（三）》。

已剩不过四五百人，只及最多时之半数。加上小商人、海员和官吏，总计也就一千余人。[1]曾任国民政府驻德大使的程天放说他1936年2月抵达柏林时，留学生只剩不到三百人。[2]华人华侨既少，德国人又不比法国人好吃，柏林的中餐馆数量也就屈指可数，数来数去就那么三五家。

钟道赞1927年的文章说："柏林……中国饭店共有五处，定菜每顿五角至七八角不等，小账在内。西餐价格略同。"[3]柏林的酒店主要集中在"沙老屯包二哥"（Charlottenburg，今译夏洛登）区，当时在柏林算是最阔气的一区，房舍崭新，街道宽大，树木整齐，走不了多远，就一方小公园。中国的留学生百分之九十九住在这里。其实该地离学校区甚远，而中国的学生们为何还偏偏要住在这里，作者认为或许是当初的留学生都是有钱的，住房要讲究，又因中国公使馆也在那里，遂卜居于此。后来，乙因甲而来，丙因乙而至，越聚越多，管它离学校区远近！又因为中国人总爱吃中国饭，天津、泰东、津汉等中国饭馆应之而生，于是中国留德学生在柏林的"营地"算是稳固了。[4]另有中国旅游者有相近的观察，但表述上出入较多，可备参考："大致中国初来者皆

① 心如《留德学界之新气象》。
② 程天放《使德回忆之二——柏林初期生活》，《传记文学》1963年第4期。
③ 钟道赞《纽约伦敦巴黎柏林之学生生活》，《生活》1927年第31期。
④ 失民《在德国的中国留学生（比德游记之七）》，《宇宙风》1936年第16期。

由Charlottenburg［柏林五站之一］下车。因此站在Kantstrasβe旁，而Kantstraβe为中国人最多居住地点，中国留德学会（Kantstraβe 220）、中国饭馆、京津饭馆、京汉饭馆均在此街。”①

1924年的《申报》有报道说，柏林最大的中餐馆乃柏林西部康德路130号之京津饭馆：“此肆于上年春开张，系一咖啡馆之旧址，布置尚整齐，侍者均穿礼服，尚有柏林上等餐馆之规模。餐室有二，均靠街，但出入在大餐室，故在小餐室就膳者，须经大餐室方可出门。此馆之市口甚好，生意颇盛，主顾大半为中国学生，其他国人间有之。”②山东省民众教育馆馆长董渭川，就曾甚赞津汉饭店（或即前述的京汉饭店）：“吃饭多半是到康德街中国饭馆里去；价钱好像比巴黎稍贵。那条街上有好几家，也有南北口味的差别。在一家名叫津汉饭店的馆子里，居然可以吃到馒头、稀饭、饺子等等，虽系‘逾淮之橘’，也大可解馋。”③

1934年，应懿凝随夫君沈怡访德，在其《欧游日记》中，详记了他们居停柏林期间遍尝各中餐馆，以及所见留学生聚食其中的诸种情形；其中在津汉饭店饱餐阳澄湖大闸蟹，最能引人垂涎：

---

① 于矿《由西伯利亚游德记》，《中华农学会报》1930年第75/76期。
② 本强《德国通讯：梁士诒在柏林被中国学生殴打》，《申报》1924年6月27日。
③ 董渭川、孙文振《欧游印象记》，第205页。

（七月十九日）晚餐于泰东中国饭店，张君所邀也，月余不尝家乡味，馋饿如小儿，食量之大，为抵德以来所未有。

（七月二十日）晚膳于天津饭店，在康德街，菜较泰东可口，而价又廉，国人颇多，惟未遇熟人。

（七月二十一日午）相偕往泰东饭店。刘公使与王世晋君已先在。

（七月二十一日）晚餐应张光中约去南京饭馆，该馆亦在康德街，与天津饭店毗邻，同座为前十九路军将领，如翁照垣、区寿年等。

（七月二十三日）晚遇同舟乐君于南京饭店。

（七月二十四日）晚至南京饭店进膳，晤张翼之、张光中二君。

（九月十七日）晚间在津汉饭店进膳，张君夫妇所邀也。津汉以面食著称，大饼馒头水饺汤面等均备，味尚可口，且价较任何中国饭店为廉，惟顾客寥寥，不解何故。

（九月二十日）晚八时，约匈牙利人哈斯君在天津饭店餐叙，彼从未尝中国肴馔，食时啧啧赞赏不止。

（九月二十一日）午在南京饭店进膳。

（九月二十四日）午膳于津汉饭店，怡于薄暮始归，谓今午泼醋擂姜，饱餐湖蟹，其大如洋澄湖产，味亦如之，乃真真道地之中国种也；现且繁殖甚多。盖德国货轮常往来于欧亚，在中国卸货后，船身过轻，必载水以归，而蟹属亦附之渡大海而西，蕃衍异邦，横行田畴，农人患之，视为灾害；而德人不知其可食，仅知捣毙之一法；但捉不胜捉，感叹束手。今适为怡等所见，告为美味，因得一快朵颐焉。

（九月二十五日）晚间怡与我国出席道路会议之诸代表，在天津饭店餐叙。

（十月三日）相与往南京饭店，时江君已在，遂邀之同膳。此间之顾客，以中国学生居多数，内有数学生，每来辄遇，且各挟一碧眼女郎，戏谑调笑，态近狎昵，稍有心肝者见之，无不眦裂。此辈卖笑女子，固不知羞耻为何事，第念彼莘莘学子，荒唐若此抑何可叹？

（十月五日）江清之夫妇来访，约余今晚去南京饭店晚膳。……知张夫人及谭夫人今晚均将去天津饭店进膳，因约以餐后往访，盖南京及天津二馆，适为贴邻也。[1]

柏林餐馆数量虽不多，故事可不少。比如泰东饭店，民国电影皇后胡蝶1935年访欧时，曾就食于此；她也认为是柏林中考究的中国馆子，为此还详加描述："内部的装修完全用中国的美术色彩。顾客除我国的侨胞外，外人光顾的以日本人为多，

① 应懿凝《欧游日记》，分见第44—47、50、103—104、109、114—115、117、125—127页。

所用菜肉原料是由伦敦运往的。又因近年德国为安插其失业的人民，对于外国人的雇员极力取缔而代以其本国人。所以泰东虽说是中国馆子，可是除了厨子之外，其他一切堂役都是德国人。其他的中国菜馆如天津，汉津，及南京等，都是一般地没有中国人的员役。”[①]中国餐馆而尽雇德国员工，在海外中餐馆中，可谓别树一帜。

此外还有一家“南京饭店”，据李明欢教授的考证也是十分有名；老板是一位广东籍华侨，不幸的是在德国发动侵略战争后被迫害身亡。[②]随着这位老板的被害，德国的中餐馆自然也难逃战争的厄运，渐至凋零无存。

最夸张的是，曾官拜国民政府总理的交通系首领梁士诒，1924年携子梁定蓟游历欧美期间，曾在柏林京津饭馆被中国留学生殴打：

> 近年来，道经柏林之中国人物，大学校长也，实业专使也，国务总理也，教育家也，实业家也，竟无一不至此京津饭馆一尝家乡风味者。梁士诒亦不能例外，于五月三十日午刻，与公使馆秘书等共四人，在彼就膳，学生见者并未作何

① 胡蝶《欧游杂记》，第44—45页。

② 李明欢《欧洲华侨华人史》，第343页。

言语。翌日五月三十一日星期六晚又至，同来者有秘书二、公使馆职员二、子及子之妻舅、在德国也那之一学生［此处难解，或编校之误］共七人，彼等设席于小餐室。此馆在柏林虽以大中国饭店名（招牌上京津饭馆），但真正之中国式酒筵或饭席，亦不能办，故梁等只得不加选择，照菜单全备。此种主顾，实属难得，并有公使馆人员同在，理当格外道地。是晚又值星期六，学生往彼者较寻常为多，因之厨司难以照应，虽老主客亦须久待，方得一饱。九时许梁等餐毕，梁如厕，欲与同席者离馆归。自小餐室至大餐室时，学生江某突然上前，以严词问其来德原因。彼以无所为答之，江某即举手击其头部，旁有一学生黄某，亦向梁质问救国储蓄金等事。梁曰不知，黄即高呼卖国贼，同时连下数拳。在场尚有一黄姓者，能拳术，施展手段，将梁打至墙角。梁呼救命，中国驻德代办公使亦在旁，然处此左右为难地位，只可说“叫警察叫警察”，但彼并不外出鸣警，亦不饬人代报，仅稍解劝。打毕，受伤与否不可知，但其帽已不成形象矣。梁临行时，愤然曰：“明天与你们算账。”在场学生，均不预知有此事发生，其中胆怯者，见此情状，急向侍者算账而去，恐巡警来后牵累也。动手之三人，即在彼讨论以后办法，留至十一时始归，但亦卒无警士或其他人等前来干涉。[①]

个中因由，牵涉民国政坛公案，此处不赘。

比较而言，京津饭馆，可谓柏林最受欢迎的中餐馆了；同时，柏林中餐馆，也是海外中餐馆中最没有广东色彩的了，不知何故。

① 本强《德国通讯：梁士诒在柏林被中国学生殴打》。

第五章　欧美行次的中餐馆故事

民国时期，欧洲的中餐馆，固多集中在英法德，然而国人旅欧，途次中餐馆亦多佳赏，荷兰当居其首；到后来，荷兰中餐馆的人均或地均数，竟高居欧洲各国之首，仿佛应和着广东名曲《步步高》的节奏。

第一节　民国文人笔下荷兰、比利时的中餐馆

早期移民欧洲的华侨，多是洋船上的粤籍水手杂役出身；荷兰居航线之中，自然早有粤籍水手涉足落地。法国启蒙运动大师伏尔泰（1694—1778）曾经写过一篇不怎么有名的文章，题目叫作《与阿姆斯特丹一名华人的一席谈》，借着与一名住在阿姆斯特丹的华人的谈话，发挥他对中国文化的看法，显见中国人抵荷之早。还曾有一位荷兰东印度公司的职员在1775年时将他的一位

译名丹亚彩的仆人带到过鹿特丹。[①]

因为这些水手的居留，在此期间就早早有了风味甚佳的中餐馆。1916年2月11日，荷兰《大众商报》记者光顾了阿姆斯特丹内班达姆街的一家名为隆友的华人小餐馆之后说："倘若中国人的美味佳肴传开之后，我们又该如何制定我们每日的食谱呢？"[②]这里虽没有明确说是否是广东馆子，外国人既分不清也没有必要去区分，但大抵是广东馆子。

江亢虎1922年到访荷兰另一个著名的港口城市鹿特丹时，但见"海港深阔，帆樯云集，中国水手往来甚盛，居留者平均恒七八百人，粤人约十之六七，多在非烟诺岛（Feyenoord）"。自然也发现"有杂碎馆，有食货店……杂碎馆最大者为惠馨楼"——老板郑某还借此发起华侨会馆呢！当然，杂碎馆绝不能仅靠本地水手华侨支撑，留学生常常是重要的顾客群体；"荷兰除中国水手外，尚有留学生六十余人"是也。[③]渊源所自，这些留学生大抵是从南洋原荷兰殖民地来的华裔，家世通常比较好，有的还是当地政府公派，生活条件相对优越，对中餐馆可起到重要的支撑作用。如梅贻琦说："荷兰除中国水手不计外，尚有留学生八十多人，都是由爪哇去的。有的父母很富，自费求学，有的

① 陈国栋《东亚海域一千年：历史上的海洋中国与对外贸易》，第177页。
② 李明欢《欧洲华侨华人史》，第196页。
③ 江亢虎《荷兰五日记》，《东方杂志》1922年第13期。

由荷兰政府派送来荷，肄习各种实科，将来须为荷政府效力。”[1]

著名作家王统照1934年到访时，所去的就唯有广东饭馆了，他评价说：“饭馆不大，然而设置得很精洁，自然也照例有几幅中国风的字画。经理原是广东的老商人，在这里曾做过十多年的买卖，如今收场了却开了这所饮食店。”华人越少的地方，中餐馆越使人觉得亲近。稍后在阿姆斯特丹中餐馆接受当地华侨吃请的一段经历，更令他感慨万分：“前天遇到的那位烟台先生，还与另一位山东人作陪，连主人共五位吃了将近中国钱十几元的粤菜，使我颇难为情！他们凭了劳力赚来的钱平常连吃饭穿衣都不肯妄费，却这样招待远来的同乡。”王统照接着说，在阿姆斯特丹有华侨近四百人，有一半是常在外国船上作水手，多是浙江、山东、广东人。山东人多做行贩生意，有二十多家，每天背着包提着箱，去到各个城市与乡村兜揽买卖；广东人却不干这一行，通常只开餐馆、洗衣店等，足见开餐馆真乃广东人所擅长。[2]

1939年间，有人历数了当时荷兰的七处中餐馆，均系粤人开设，有店名人名，有籍贯出处，是很可宝贵的资料：

我国之最足以自豪于世者，乃为肴馔品类之美备与丰

① 胡贻毅等《欧游经验谈》，青年协会书局1923年版，第62页。
② 王统照《荷兰鸿爪》，《中学生》1936年第69期。

富，而其中尤以粤庖独擅其妙。统观欧美各国华侨所开之餐馆，惟巴黎市资格最老之萧厨司为南京籍，余者几乎尽为广东宝安籍。其设于荷兰者有七处，最老者为袁华主办之中国楼（设于洛塘市德理街Delistraat十八号），次为吴富所创之广兴楼（涵塘内番担担），又次为邓生经理之中山楼（洛塘），又次为张国枢之远东饭店（海牙和平宫畔），又次为吴子骏之大东楼（涵塘研钵街七十二号），又次为文酬祖之南洋楼(海牙同生路Thomsonlaan五十号)，而最小者乃为冯生之好餐馆（莱汀市Leiden管丛街二十一号），七家尽以宝安人为铺主。①

可是，著有《中国海外移民史》的陈里特说，据他的调查所得，荷兰有中餐馆十五间，一倍于此，令人难以置信；但联想到他说英国只有三间中餐馆的明显失实的情形，关于荷兰的说法也实在只能姑妄听之。而其另说法国有中餐馆十六间、德国八间、苏俄八间、葡萄牙二间、丹麦五间、比利时四间，尤其是葡萄牙和丹麦以及苏俄的中餐馆数量，向未为人道及，姑附录于此，以备参酌。②

延至今日，在荷兰，中餐馆仍是广东人的天下。21世纪初，一个中国旅游者在阿姆斯特丹市吃中餐的经历即是证明："老板

① 佚名《海外之粤菜馆》,《健康生活》1939年第2期。洛塘即鹿特丹；涵塘内番担担即阿姆斯特丹。

② 陈里特《欧洲华侨生活》,《海外月刊》社1933年版，第83—89页。

告诉我，他是广东人，店里的伙计也大都是广东人。谁要不是广东人，要来干活就得学广东话。为什么会这样呢？因为内部交流方便，相互也比较信任。据跑堂的介绍，这个城市基本都是广东人开的餐馆。如果都是这个规矩，我想，出国来这里留学打工，广东人最好。其他地方的人既要学外语，又要学广东话，这不是受二茬罪吗？”①

国人旅行至荷兰，记录饮食，除难以绕过的中餐馆外，当地风味也自然形诸笔端，世易时移，也值得我们今天分享。黄嘉历先生1940年到访荷兰，所述吃食，就颇异于欧陆其他国家。比如，“在美国时，我们从未想到早餐时吃干酪，但是在荷兰早餐时，我们发现了这种有趣的东西。标准早餐是一种什锦的薄片，三四种薄片的干酪，几种面包，数片腊肠，和其他肉片，并供给多量结实的牛油。除咖啡和茶外，还有巧格力，因为荷兰在东西两半球，均拥有热带殖民地，不愁有断货之虞”。午餐以面包为一种“打底”食品，也是十分的荷兰特色：“我们不久，就晓得在午餐时，第一桩事，是把整片的面包厚涂牛油，然后把涂牛油的一面，向上放在碟子里，用这片面包作底，其他的食物都可以排在上面，例如生腌鲱，这算是一种珍馐美味了。在第二片面包上面，你可以放几块干酪或肉，然后再进而吃加牛油和果酱的面

① 周自牧《在欧洲感受中餐馆》,《三月风》2002年9期。

包。所有这种的混合食品，都是用刀叉吃的。”[1]

可是，根据《申报》特派记者的观察，不到十年时间，到民国末年，荷兰即涌现出数十家富丽堂皇的中国餐馆，真是发展迅猛：

> 现在，荷兰有很多打面的机器，也有大大小小几十家中国餐馆。据我的记忆，大概海牙有九家，阿姆斯特丹有十家，鹿特丹（一译洛塘）有三家。大餐馆布置的富丽堂皇，只有美国旧金山的中国饭馆可以比拟。每天每家餐馆的营业额，多至二千，少至五百（折合美金二百至五百元），这数目就相当可观。他们靠亲戚朋友的馈赠与寄送，远至南非，星加坡，澳大利亚，近至英伦，丹麦，都有食品运到荷兰。走遍天下，烹饪莫胜中国。我们的辛勤侨胞，就靠这份“国粹”，在跟洋人争饭吃。[2]

而据陈本昌博士的调查，在20世纪60年代末、70年代初，荷兰更有华侨四万人，中餐馆也更是达到一千家左右，[3]可谓猗哉盛欤!

时人有曰，欧洲生活程度，英国最贵，瑞士、荷兰、德国等次之，法、比再次之。其实荷兰远比法国便宜，比利时则更比荷兰便宜。1927年间，巴黎大学生的普通费用，每月须千二百法郎

① 黄嘉历《荷兰琐记（下）》,《旅行杂志》1940年第10期。
② 毛树清《荷兰侨胞》,《申报》1948年2月8日。
③ 陈本昌《美国华侨餐馆工业》，第15页。

（合华币约八十元），绝非“穷措大”所能维持。而在比利时，因为比币汇价便宜，华币一元可兑换比利时法郎十六元多，较法币便宜三分之一强。虽然生活费用低廉，但比利时的生活服务却远比其他欧洲国家周到。比如在鲁汶，不仅有许多学生饭店，还有许多专门招待学生饭食的市民家庭；饭店大的可容一二百人，市民家包饭也可容纳二三十人。市民家之所以有这么大的接待能力，乃在于食宿是分开的，即学生所宿之公寓，一般只需提供早餐，而午饭晚餐则在提供包饭之市民家或学生饭店：早餐每次约二法郎五十生丁左右（约合华币一角四分），牛乳、咖啡，尽管取饮，食物有奶油面包三四片，间中还有炒蛋一枚或火腿一片；午晚餐包食于学生饭店或市民之家，每月自三百法郎至四百法郎不等，能够吃上一汤一菜一水果或布丁。汤多是蔬菜汤，菜则以肉为主，如牛排、猪排、肉丸、腊肠等，和以生菜、菜花等蔬菜或酱菜。晚餐虽然号称甚简单，仍“可就牛排猪排，火腿，油炒蛋，火腿炒蛋，冷烂鱼等拣一种，除面包外，以油煎番薯条为主要食品，此物和以食盐，味甚香纯可口”。凡此种种，较之在英、法、德，已是无上幸福了。更值得一提的是，宿于市民家，租书房、卧室各一间，平均月租仅需约一百五十法郎左右（合华币十元），还包括服役费在内（亦有另计者），而其享受，简直胜过一些国家的贵族，以及中国内地的地主资本家：“服役之责，大都女主人自任，自铺床、折衣、擦皮鞋以至洒扫供应茶水等，皆女主人亲自为之，不必有所吩咐，其周到体贴，国内从未之见。”——何况以华人之“贱”处欧洲之“贵”！[①]

由于生计便宜，吃得又好又有特色，比利时的中餐馆业反倒不彰，乏人记述。1948年《申报》特派记者毛树清到访比利时，就直言比利时首都布鲁塞尔没有中餐馆（前述陈里特文章说曾有四间），但据说有一家大的中餐馆在筹建之中：

> 华侨在比国极少，总共不到一百人。他们有一个组织：“旅比华商协会”，会长倪作有，一个忠厚年高的老实人。华侨多半业皮革生意，制造皮包，皮袋，皮夹之类，经济情况远不及荷兰。比京没有中国餐馆，听说若干荷兰和巴黎的侨领，正集资在布鲁塞尔筹备一家大规模的中国餐馆，单就房屋生材，已经投资了三万多美金。[②]

究其原因，一是旅比华侨实在太少了；二是可能很少广东人，因为从其经营的皮革生意推测，大概是温州、青田人氏——早期海外广东人几乎没有这方面的从业记录。据今人考证，虽只录到20世纪50年代以后，不过也可从中看出中餐馆的渐受欢迎的程度。

① 寄寒《在比利时住了七个月（中）》，《生活》1928年第34期。

② 毛树清《访中比铁道公司》，《申报》1948年2月28日。

比如说到20世纪50年代初，比利时华侨虽仍不足百人，却开设有中餐馆11家（其中8家在安特卫普，3家在布鲁塞尔）。到1967年，华侨增至565人，中餐馆则激增至123家。[①]大有后来居上之势。

著名医学家余新恩博士1940年留学欧洲，归国后1946年在《西风》杂志社出版了《留欧印象》一书，书中写到了当时瑞士唯一一家中餐馆，当然也是广东风味，向无人道及，值得附记于此：

> 全瑞士只有一家中国饭馆，也就是在日内瓦的这一家，设于湖边花园的南首。
>
> 饭店并不大，一进门分为两室，一大一小，一共也只有十几个小桌，由一位年青瑞士女郎侍候。地方虽小，但装璜得很精致，雪白的台布，佐以鲜花，颇为美感。
>
> 光顾者不尽是中国人，各国人士都有，但仍以东方人为多，当时都是满座，很不失国际意味。
>
> 是广东厨子，菜颇可口，但是每碟很不丰满，而价奇昂。不像巴黎的中国饭馆碟碟丰盛，价钱便宜，而且饭及茶皆系奉送，多少不计。这在日内瓦，茶则每杯算钱，饭则每碗照算，因此一餐下来，数目也就可观了，尤其有些中国人，每餐要吃三五碗饭的。

① 李明欢《欧洲华侨华人史》，第436页。

这当然是一种很自然的现象，物以奇为贵，全瑞士又独此一家，来日内瓦的又常是些贵国的官僚政客，富商巨子，落得多赚他们一点钱。[1]

第二节　从食在广州到食在西贡

早些年，广州海印桥北西侧的大沙头，是著名的吃海鲜的胜地，入夜虹霓闪烁，“西贡渔港”四个大字光彩夺目，堪称珠江夜游之一景。当时就在纳闷，为什么要冠上“西贡”二字呢？为什么现在一些海鲜餐馆仍要冠上“西贡”二字呢？这西贡，到底是源于香港的西贡还是越南的西贡？留粤日久，当然知道是源于香港的西贡，但最近读到季羡林先生1946年留学归国停留西贡的两个月期间的观察，倒是宁愿相信源于越南西贡，即今天的胡志明市了。

1859年西贡“沦陷”后，在法国人的统治之下，经济繁荣，被誉为远东明珠。法国人对其殖民地的管理，可不像英国基本上只派一个总督和少量高级管理人员，本土化色彩非常浓重，而是在制度架构和文化建设上都努力法兰西化，这也是西贡能成为远东明珠的原因之一。法国人的浪漫与美食，都可为其生辉。如果看过杜拉斯的《情人》以及改编的同名电影，如果又是广东人，更会对华人富

① 余新恩《留欧印象》，《西风》社1946年版，第92—93页。

商之家的少爷带着法国少女进出中餐馆印象特别深刻。西贡多华人，西贡多华商。法国美食与中国粤菜交相融合，自然在国际饮食界独擅胜场。以至于季羡林先生1946年3月留德归国途中，经过居停西贡两月的观察和体会，感慨道："从前有人说：食在广州。我看，改为'食在西贡'，也符合实际情况。"因为他看到西贡，特别是离市中心不远的堤岸一带，不仅"有极大的酒楼，也有摆在集市上的小摊，一律广东菜肴。广东腊肉、腊肠等等，挂满了架子。名贵的烤乳猪更是到处都有"，那是广州本土都难以比拟的。①他在日记中记载了好几次在当地最大的粤菜馆新华大酒店吃饭的情形。如3月12日"吃的全是燕翅席，还有整个的乳猪，可以说是有生以来第一次"；3月21日"出来到新华大酒店去吃饭，又是燕窝鱼翅"……如此奢华，当然是别人请客了，主要是广东富商宴请，因为那里触目所见，几乎率皆广东人："我们到了这里已经觉得到中国，中国有的东西这里几乎全有……同士心出去到一家中药铺去买药，我们不会说广东话，看到那些伙计脸上的怪样，心里真有点不解。"②

晚清以来，西贡是出使、留学英法等的必经之地，关于西贡的饮食记忆，留下了颇多精彩的篇章。早在同治五年二月十四日（1866年3月30日），其时法人统治西贡未几，清朝第一个走出国

① 季羡林《留德十年》，外语教学与研究出版社2009年版，第188—189页。
② 季羡林《季羡林日记：留德岁月》，江西人民出版社2014年版，第1906—1911页。

门出使欧洲11国的使臣斌椿到达西贡，即感到如入武陵源："未刻入港口，曲折东北行，两岸灌树丛杂，青翠无际，阔不过三四里，狭处止数丈。如入江南芦荻洲，又疑入武陵桃花源。"[①]同行的张德彝则敏锐地观察到粤人的营生："按年往粤省贩卖越南米粮，又自粤省运货在此售卖，如此往来，获利甚重……街市铺户，多是粤人开设，虽不华丽，亦颇整齐。往来种作，老幼咸集。"[②]十几年后，光绪六年（1880）张德彝再随曾纪泽出使英俄途经西贡，所见华人"房屋加增数倍"，[③]可见华人社会在法人统治之下的蓬勃发展，也才会有《情人》年代（1929年）的法国少女向华人富少投怀送抱，同上中餐馆的食色风流，也才有季羡林先生的"食在西贡"之慨。

晚清使臣既已注意及此，民国人士自然少不了笔之于书，而且很容易与广州联系对比。比如《国讯》1936年第127期有一篇谢纯裕的《西贡的形形色色》，则着眼于茶楼之多——广州正以此著："这里有的是三多与三少，和上海比较恰巧绝对相反。茶馆多，大概是闽粤人的习惯，并且非常经济，一泡茶可饮四五人之多，不过四五分钱代价。"有一首专咏西贡的《海外竹枝词》，也是与广州对比："梅江街外广东街，堤岸兴隆夹道回。烘托羊

① 斌椿《乘槎笔记》，岳麓书社1985 年版，第97页。
② 张德彝《航海述奇》，岳麓书社1985年版，第462—463页。
③ 张德彝《随使英俄记》，岳麓书社1986年版，第841页。

城蒸海市，自成风气不须猜。”[1]但又强调其自成特色。晚清民国人的记述中，广州之外，而具有广州特色的，恐怕除香港之外就是西贡了。省（城）港一家，香港之于广州，一体之中的差异即在其为英人统治，更为开放自由，更为五方杂处，中西交融，体现在饮食上，则是食材更丰富，口味更调适，渐渐形成新派粤菜；但与英国人的饮食传统，是不会有太多关系的，因为在西方世界中，英人可谓最不重烹饪者。西贡为法人统治，而法人乃西方世界中，最重烹饪者之一，其影响于粤菜，自不待言，宜其“自成风气不须猜”。

民国时期，越洋旅行，乘坐海轮，速度迟缓，路程漫长，又全为洋轮，船上饮食基本上是西餐，国人很难适应，停船靠岸，得尝一顿中餐，不仅是味觉大解放，也堪慰乡思。欧西一线，海轮途经之港，除西贡，孟买也往往必停；孟买再过去，则进入欧洲了！整个东南亚，几百上千年来，都是粤人商旅卜居之地，西贡粤人云集，饮食可轶广州而上，孟买亦有可观。例如，储安平1936年赴英途中，一到孟买，讯知有华侨一千余人，即已心知必有中餐馆，遂又问有没有中国饭店，果然——“他们给我们介绍了一家‘群乐楼’。我们在十点左右，便招呼车夫开到‘群乐楼’。”而且是喜出望外，不仅因为其味道堪比

① 晟初《海外竹枝词·西贡》,《侨声》1942年第6期。

上海粤菜馆的地标冠生园："这一顿中国饭可真不错，连我这种困倦的人，也给这顿中国饭鼓舞了起来。每个人都是那样的满足、愉快。我们先吃了几个包子，有豆沙包，有鸡肉包，泡了两壶茶，很有在冠生园的风味。我们叫了三菜一汤，炒鱼片、炒蛋、烧鸭和鲍鱼汤。味儿真不错，和国内的好厨子也比得上。我因为几天不吃，肠子再吃不下饭，另外叫了一碗鸡火面。这一顿饭一共吃了十个多卢比，连小账合到国币十四五元左右，论价钱，可不算便宜了。"①

史学家丁则良教授1947年途经孟买，在享用广东饭菜之余，更留心其后的华侨社会生活："孟买的唐人街，又偏僻，又狭小，又脏，附近是印度的妓女窟……到了一家广东饭馆，叫了菜，同时向老板打听中国领事是谁，领事馆在什么地方，他们竟完全回答不出……后来在街上遇见一个山东人，他也说不清楚，他说领事好像是姓周，可到一家金陵酒家去打听打听。饭后乘了原马车去找金陵酒家。这倒是一家大的饭店，开在热闹的大街上，酒家的经理姓陈……陈经理告诉我们，唐人街一带最好不要多去，那里时常发生斗殴，华侨在那里的有不少以赌博，吸鸦片为生，所谓斗殴，并不是印回之争，而是中国人打中国人，有时竟造成惨

① 储安平《欧行杂记》，海豚出版社2013年版，第43—44页。

案。”[①]为什么不去呢？太可惜了，唐人街里肯定有更多地道的广东餐馆！

今人李曼则说，孟买第一家中餐馆是一位林姓广东人创建的林楼，已经有七八十年历史，现在传至孙辈，因为经营不善卖给了越南人，不过林氏还做着“CEO”。林楼在民国人笔下缺乏记录，大约因为当年林楼以适应环境为宗旨，按当地人的口味进行了较大改良，结果办得不伦不类：餐桌上摆着印度人喜欢的Masala（一种酸甜苦辣俱全的调料），主食里还夹带着Chabadi（当地面食），菜谱全用英文，全体服务员没有会说中文的，厨师多来自尼泊尔。其实当地不少中餐馆都由尼泊尔人掌勺，大约用尼泊尔人成本低，而他们既了解印度文化，也熟悉中国菜肴。李曼的这种观察应当有些靠谱：“一位老华侨告诉我，当年就是他在林楼手把手地教尼泊尔人做中国菜，现在的几个主厨都是他的学生。”

李曼还说，孟买的中餐馆大大小小有100多家，有“豪门闺秀”，也有“小家碧玉”，一般都是祖上有中国血统的当地人做老板。中餐馆大都走大杂烩路线，几道川菜，几味粤菜，炒面、烧麦、馄饨，再加上几道印式烤肉。随着两国交往频繁密切，许多中餐馆迅速改观。越来越多的中国厨师来这里服务，菜品完全中

① 丁则良《孟买纪游》，《天文台》1947年第3期。

国化，味道也颇纯正。大陆中餐厅还请来一位来自郑州的师傅为顾客表演拉面，宣传品上的英文将其翻译成“面食舞蹈”。当地媒体根据调查为孟买中餐馆进行排名，名列第一的是泰姬饭店的中餐厅，以口味纯正拔得头筹，而林楼几乎排在了最末。[①]

印度的另一个港口城市加尔各答，也留下过有意思的中餐馆故事，如其中民国时期的江西都督李烈钧的故事就足资一述：

> 据说在印度加尔各答城中，也有条唐人街，唐人街上有不少茶店，酒店，点心店，以南京酒店最大，在吃食馆中，“眩江面”十分有名，许多外国人坐了汽车马车去吃一碗五角印币的面。李烈钧为了视察海外党务时，曾去加城华侨会演讲，那晚上，即赶到那块吃了一碗“眩江面”，吃后大唤“顶刮刮”，称赞不置。月下加城华侨已近一万八千余人活动的多，以前只有五六千人左右哩。[②]

途次之中，另有可资一述者，亚洲的越南、印度而外，进入欧洲，则当属奥地利了。据1948年7月29日《维也纳日报》介绍，奥地利首都维也纳仅有两家中餐馆，而且名声甚为不显：“尊敬

① 李曼《孟买中餐馆的竞争硝烟》，《世界博览》2010年第24期。
② 洛士《印度唐人街风景线：李烈钧在那里吃面》，《海涛》1946年第6期。

的叶仁青先生的上海饭店坐落在麦德林街上一座小房子里……新建街上的第二家中国餐馆也是彻头彻尾的欧洲装饰……目前维也纳的中国人很不容易找到适合他们口味的饭菜。最主要的是大米奇缺……他们连筷子都没有一双，他们已经放弃了这一典雅的习惯。”然而，不久即迎来转机。1951年初，国民党撤走驻奥公使馆，公使全家迁居美国，随员沈旭宇及厨师老沈则留在维也纳与侨领叶瑞珍先生在Porzellangasse合开了一家装潢精美的中国饭馆。关键是其厨师老沈，以前曾是蒋介石的厨子，后来又是国民党驻奥公使馆的厨子，维也纳中餐馆的品牌就此高自标榜，到如今，全奥地利中餐馆，已超过800家，数量实不在少。[①]有中国旅游者21世纪初踏足维也纳，即深深感觉到这种传统的赓续：“我在欧洲吃的第一顿饭，没想到竟是典型的中餐，水平就像北京四星级饭店。”而这开店的，祖上正是广东人。[②]

第三节　吃中国饭菜，娶日本女人

日本是中国一衣带水的邻邦，也是早期国人赴美的必经之地。日本的中餐馆固渊源久远，事业发达，但本书写海外中餐

---

① 李明欢《欧洲华侨华人史》，分见第436—437、602页。

② 周自牧《在欧洲感受中餐馆》。

馆，重点在欧美，次及沿途，于日本故只略叙如次。

一

现在，日本餐馆在中国也颇有市场，料理这个名词也挺入耳，去日餐馆吃碗乌冬面，来份天妇罗，喝点清酒，都让人觉得亲切，尤其是吃鱼生，有人还以为日本是正宗呢。其实，在中国人，尤其是在民国人眼里，日本食品简直不堪吃；好在明治维新尤其是横滨开港以后，有中国人过去，开了中餐馆，他们得了榜样与调教，才有些可观。所以，在当时，很流行一个段子：“‘中国饭，日本女人，西洋房子’，这是日本人心目中的三种绝妙品物；有些在东京住惯了的中国人，也抱着这种意见。”而现在的报章，仍可时见这种论调，不过“西洋房子”变成了“美国房子”而已。这种论调，一个基点是：“有些日本人，认为中国的饮食，不仅味觉好，视觉好，并且还充满着艺术的气氛。这也许是因为日本饭太没有味道。”[1]林语堂在巴西的一次集会上说过一个后来他认为传遍世界的笑话，也有这层意思：“世界大同的理想生活，就是住在英国的乡村，屋子安装有美国的水电煤气等管子，有个中国厨子，有个日本太太，再有个法国的情妇。”[2]

① 唐嗣尧《中国的饮食》，《科学时报》1935年第3期。
② 林语堂《林语堂自传》，江苏文艺出版社1995年版，第94—95页。

对于日本饭菜之乏味，也有文章说："中国和日本虽然是贴邻的两国，可是在吃的方面却形成极有趣的对比：一个是最考究吃的国家，一个却是不考究吃的国家……他们的吃法实在太单调，太缺乏变化了。"其实这一点日本人的确是承认的，从日本人所写的关于中国饮食的文章中对于中国饭菜之推崇即可见一斑。故文章又说："日本人的爱好中菜是早有定评的。为迎合此项需要，所谓'支那料理屋'（'中国菜馆'之意）就纷纷在日本各地开张起来。"①但这种日本人开的"支那料理"，是怎么样也好不到哪去的："中华料理屋有二：一为日人所经营，普通称之为'支那料理'，呼中华料理者也有，不过却是极少；一为华侨所经营，他们皆谓之中华料理，借以表示爱国心也。这样我们很容易分辨出来那家是真那家是假（所谓真假乃指掌灶或经营者而言），冒牌的大概谁都不欢迎，做出来的菜，非中国菜，乃日本式之中国菜也。味道不佳，不用说别的，就是菜中的大葱就会使你头痛，更用不着真正的尝试了，而他们的菜目也很少，除'支那面'外寥寥可数。"②而在广东人看来，日本人最不会吃的恐怕是把粤席中最珍贵的鱼翅像垃圾一样抛弃："鱼翅虽是日本所产，可是明治维新以前，他们还不懂得吃，丢在海滩上烂得又腥又

① 平方《日本人的吃》，《文友》1944年第2卷第6期。

② 曮睇《东京的中华料理屋》，《天地人》1936年第8期。

臭，直到华侨发现了，才知珍品。”[1]

这华侨，当主要是指广东华侨。因为一方面中国其他地方的人，一般不会弄鱼翅，尤其是早年；另一方面，明治维新，尤其是1859年横滨开港后，最早和大量涌入日本的，主要还是广东人，并迅速形成了广东帮。横滨市史的统计也表明，1877至1884年间，横滨华侨占全日本的60%，横滨中华街就有广东料理四五十家，华侨自然以广东人为主；作为广东侨民第二大聚居地的神户，1878年有华侨3712人，其中广东人2061人，也占70%，可为佐证。这个比例，到民国时期，仍然维持着。据国民政府侨务委员会1945年的统计，日本全国华侨850多万人，其中广东籍600万，占比70%。[2]总体既如此，具体到日本也差不离。颇有意味的是，1853年柏利将军率美国军舰“叩关”日本，随军汉语翻译即广东南海西樵人罗森（？—1900）；罗森后又于1854年2月抵江户参与美日谈判、缔约，并浏览琉球、横滨、下田、箱馆等地，回香港后在《遐迩贯珍》月刊发表《日本日记》。[3]由此可见，广东与日本的深远渊源。广东人，对于日本最大的影响，当在饮食方面，因为这么众多的广东人，其职业乃是以开餐馆为主的。广东人在日本以开餐馆为主，而且开得非常成功，不信且看日本

① 逸峰《名震全球的中国菜》，《论语》1947年第132期。
② 刘权《广东华侨华人史》，广东人民出版社2002年版，第3页。
③ 龚伯洪《广府华侨华人史》，第165—166页。

人自己的说法："广东人是做餐馆生意的，这是一件很可获利的生意，在各大城市中如东京、横滨、大坂、长崎等，都有中国的食品。"①文章说的中国食品，准确地说，当然是广东食品了。

二

随着日本的开放，中国人的进入，日本人便跟中国人学起做菜来，突出体现就是"支那料理"店开得到处都是："的确，在日本，'支那料理'就算是我们中国人唯一值得自傲的一件国粹吧！他们全国无论大小都市，差不多每一条街上都有馆子写上'支那料理'，这倒不是因有万多留学生来才如此，却是'自古已然'，因为日本人也挺爱'支那料理'。"②为什么说是学着中国呢？因为这"支那料理"店，支那乃英文中国的译音，料理指餐馆，翻译过来就是中国餐馆，但这种中国餐馆却不是中国人所开，从名称上也知道——支那是日本人对中国的蔑称，中国人开的餐馆自然不用。而且，学生做菜，通常情况下，当然不及先生。所以，莫石又说："来日久了点的中国人，若去吃中国饭，却都不进那些写'支那料理'的馆子去，而必上写'中华料理'的馆子，这倒不是因为爱国，恶'支那'两字而爱'中华'，为

① Bhaikov《在日本的中国人》，《南风》1935年第3期，原载*The Chinese Weekly*（NO.9，1935）。
② 莫石《支那料理》，《宇宙风》1935年第3期。

的是写‘支那料理’的是日本开的馆子，弄出来的菜总不及写‘中华料理’的中国人开的馆子味好。”[①]另有人说，日本人学中国菜的水平，大约就同于海外中餐馆最普通的杂碎的水平：“日本人的‘司干邪干’，不过仅得‘杂碎’的面目，已足独树一帜。”[②]这“独树一帜”，当然是相对非中国的洋人而言的。

为了提高做中国菜的水平，日本还曾像当年派遣唐使一样，派专门人员到中国餐馆跟班学习。民国名记戈公振先生就说：“近来日人鉴于中国饭菜之受人欢迎，亦起而设立中国饭馆，或以重金聘用中国厨司，或专人来华学习烹调之法，其味美适口，不亚于中国饭馆，而设备雅洁，招待周到，又远过之。”[③]这就像学外语，效果总不及到所在国学习的效果好。

而日本饭菜中最能体现广东人的影响的，当数馄饨与云吞的称谓及其风行：“日人呼面曰‘UDON’，疑其音之与馄饨相似，料系日人在昔留学吾国，讹面为馄饨矣。”殊不料这UDON并非指馄饨，而是指面条：“旋游日本见面店招牌，果书馄饨（此等面店，并不兼卖馄饨）。”而真正的馄饨，日本人则以馄饨的广东方言云吞来表示与书写：“支那料理店，一律写作云吞，日本语呼为WANTAN，现代日本虽三尺童子亦知云吞之可供狼吞也。”所以，作者不得不

① 莫石《支那料理》。
② 佚名《穹楼偶记：论中国菜馆》，《新都周刊》1943年第4期。
③ 戈公振《海外之中国饭馆业》，《商业杂志》1930年第1期。

感慨，还是广东菜势力大影响深："云吞之称，原为广东方言，日人最喜广东料理，既以广东料理代表支那料理，遂以云吞为馄饨。"由于广东食品的味道特出，以至于十分讲究卫生的日本人，也能接受相对不卫生挑担云吞，而从事此等买卖营生的"大半为广东籍"，本小利大，真是赚翻了："日本猪肉虽贵而肥肉均弃去不用，由精肉上割弃之碎肉半红半白，适合馄饨之用，而成本极轻，莫不利市三倍，故除面馆以外，尚有贫苦侨胞，肩挑馄饨担以行商者，一如本国。其价格比面馆为便宜，大抵叉烧面或馄饨均卖十钱。"①

由于日本人喜欢中国菜，也努力学中国菜，但"永远学不会，烧不好。日本人为了要探寻烧'中国菜'的秘诀，鼓励日本女子嫁给中国厨师，差不多每一家中国菜馆的店主妇都是日本人"。②这样一来，倒真正实现了"吃中国饭菜，娶日本老婆"了，这也是中国菜尤其是广东菜值得大书特书的地方。

三

因为中国相对日本的天朝上国优势，赴日留学甚迟，基本上是迟至1895年甲午战败之后。而最早能放下身段留日的广东顺德人罗普，字孝高，乃康有为万木草堂的嫡系弟子。1897年，他只

---

① 陈以益《馄饨与云吞》,《珊瑚》1932年第9期。

② 曾今可《谈"吃"》,《论语》1947年第132期。

身一人从广东漂洋过海来到日本，次年初进入早稻田专门学校学习法科，与日本友人田野橘次等人同屋居住，“当时东京留学生亦未有一人也”；冯自由《革命逸史》也称他是中国学生入早稻田专门学校的第一人，实在也是中国留学日本的第一人。[①]此后留日学生渐次增多，到光绪末年达至巅峰——“那时有一万几千人，但辛亥革命的时候全数回国了，民国以来，中国学生到日本去的，仍是络绎不绝，在日本常存有二千人左右。近年以来，中国和日本间的关系，日趋紧密，青年们为要热心研究日本的缘故，往往在国内的大学读了一二年后，即弃母校而东渡读书，所以人数激增。‘九一八’以后，听说又增到一万人，但后来日金高涨，留学生困于经济，又不得不纷纷回国。依最近（二十五年九月）不甚精确的统计，留日学生大约在四千人以上。根据留日学生监督处的统计，至本年四月三十日止，各省到处登记的人数比率，有如下表：广东一〇七六人，江苏四四八人，浙江四四三人……”[②]人数依然以广东为最多。

但是，广东学生也未必吃得起广东人开的“中华料理”。日本留学生生活水准，参差不齐，“有钱的阔少，一天只跳一次舞，便能化上二三十块；‘穷措大’有四十钱（四角）也能混过一天。

① 桑兵《留日学生发端与甲午战后的中日关系》，《华中师范大学学报（哲社版）》1986年第4期。

② 云间《中国留日学生之现状》，《读书青年》1936年第8期。

普通说来，‘食’的方面一天就得四十钱。这四十钱拿到日本馆子里，可以吃三顿家常‘定食’，到中国馆子里，便能吃两顿有滋有味的中国‘定食’。饭菜自然有定量，吃不饱，另外化钱好了。然神保町东亚学校附近的中国馆子，饭和卷子是管吃饱的，不在此例”。[①]

但是，日本饭说到底还是非常难吃的，而最苦留学生：“留学生最困难的，是吃饭和住居的问题。在国内旅行，尚有水土不服之虞呢，渡海而东，远来异国，水土不服当在意料之中。不过（一）日本饭是世界上有名的难吃，（二）日本的菜淡而寡味，（三）日本人喜吃生菜，所以素日对饮食有特别研究的中国人，十之八九对日本的饮食感觉困难。如果自己买菜自炊，好吃的材料自然有的是；可是学生时代，时间宝贵，大家都没有工夫做，于是不得不出重价而吃‘下宿屋’（相当中国的‘公寓’）的难吃的日本饭。日本饭吃不惯的人们，因之而生胃病者颇为不少。所以初来日本，因饭之难吃，而吵着要回去的人很多。”日本人究竟给些什么饭吃呢？“早饭是白米干饭之外，一小碗酱油汤，几片刚带咸味的黑萝卜。午饭更糟糕，用一个小饭盒盛上两小碗干饭，放上几条中国用以为药的牛蒡或半个鸡子，或几片鱼肉，美其名曰‘辨当’。这东西从早晨上学时放在书包里，直至十二点

① 泽民《中国留日青年的生活》，《现代青年》1936年第3卷第1期。

钟下了课才打开吃，饭不待说已经冰凉，小鱼又腥又臭，怎么吃得下去。日本吃得最好时要算晚饭了。平常的‘下宿屋’，大概晚饭时给一个菜，一个汤，一样小菜，这已是一日三餐中最丰盛的酒馔了。”①

没有钱的人，即便上馆子，有时也难免受辱：“东京方面有许多中国饭馆子，留学生多只赁日本人的房间住，到中国饭馆子里去吃饭，这在旅居京外的人看来，要算最理想的了。京外也不是没有中国饭馆子，但专为留学生开的食堂，小都市里往往只有一家，因为没有竞争的对手，所以食堂的厨师便作威作福，饭做得简直不成话，而有人说他一两句，他便回答你：‘我们的买卖，就是这个做法，先生不高兴，可以请便！’还有一种有背景的食堂，食堂就是某党某派的本部，而厨子就是某党某派的打手，你若不是他们一派的人，你不惟要受厨子的冷遇，且有饱你以老拳之虞。所以洁身自好的留学生往往因此敬谢不敏，而甘心去吃那难吃的日本饭。补救这种吃饭问题之困难者，一为中国料理馆，二为西洋料理店，三为食料品卖店出售的面包及牛乳。但这也只限于有钱人的才能办到。”②

当然那些混混，往往家庭条件好，养尊处优，吃得起中国料理，自是无虞。有一个主儿大约比较有钱，说起吃来就轻松得

①② 崔万秋《留日学生生活之一斑》，《青年界》1931年第5期。

很："［公寓］旁有中国菜馆，余午晚二膳在内取之，每餐二角，味亦佳美，不若在国内之丰耳。早晨食牛乳一杯，面包二个，价一角七分，可由公寓中供给也。"①还有过得更好，由饮食而进于歌舞，进于小灶的："留日学生在东京最出名的成绩，就是跳舞，日本人中对中国学生最有好感的就是舞女。日本自去年禁止学生入舞场后，东京数十家舞厅就全靠中国学生维持营业。中国话成了舞场上流行的话。听说东京最漂亮的舞厅'福罗利达'前次出了一本甚么纪念刊，内共文章九篇，执笔者中国人占其六。其他在咖啡店里过日子的也不在少数。中国学生生活之豪纵，这是无法否认的事。在日本有谁比中国学生西装穿的更挺？皮鞋更亮？吃的更适意？破帽子，破制服，一天吃两顿的日本学生更不用说。某铁道学校的中国学生，因为有坐火车不花钱的优待，每天彼此轮流着到横滨去买菜（横滨多华侨，中国食品在横滨都有）。"而令人莞尔的是："生活之舒服足以与中国学生比美者，只有朝鲜人。"②彼时的中国还只是半殖民地国家，朝鲜可是殖民地国家耶！

当然过得最爽的，则非郭沫若莫属了。某天他去一家日本医院痛吊亡友，孰料竟因此感动了美丽的女护士安娜；安娜随后求

① 胡秉圭《留日纪事》,《校声》1935年第3期。
② 春星《留日的中国学生》,《新生周刊》1935年第20期。

见，“具道倾慕之意。郭沫若不啻如司马长卿之遇卓文君者，殊欣悦”。未几便结婚同居于郊外千叶县市川町，安娜不仅为他生儿育女，还恪尽中馈之责，每日上厨做羹汤，“烹饪法皆中国川菜式，如炕肉煮豆腐、红烧黄芽白、东坡肉等，悉调味可口，制法恰到好处”。据说这都是郭沫若教的，而乞丐煨鸡法尤为所擅长。如此食色兼收，色复助食，且助出家乡味道，人生之乐，孰逾于此：“现在郭氏以安娜为日妇，将十余年之恩爱毅然割断，虽儿女亦不顾，率命归国，耑上前线，重操军人生死，与民族将领咤咤于华南，挽救国家不惜生列，献身祖国亦云伟矣！”[1]

① 荣森《郭沫若旅日艳史》,《孤岛》1938年第1卷第1期。

第六章　旅食异域的滋味

前面数章，以中餐馆为中心展开讨论；须知海外中餐馆，原本为国人而开，而国人旅食海外，也不可能尽食中餐，那吃西餐、吃饭堂、抑或自炊，是何种景象，何种况味？因此，如何吃，吃什么，滋味如何，于时人，于今人，或更关切。不妨先从留学生谈起。

第一节　民国留法学生的饮食生活

法国尤其是巴黎，乃西方世界烹饪美食的首善之区。晚清民国时期，法国大菜在上海滩头都极富招徕之效，而当时留学彼邦的中国学子以及访问学人等，饮食生活如何，颇堪寻味。

一、西式定食

巴黎的普通留学生，不能像梁宗岱那样天天上顶级中餐馆万花楼吃大餐，甚至也吃不起普通中餐馆的定食，只能拣西餐馆的定食（现在西餐馆的菜单上也有定食之名，可资想象）充肠。对定食的感觉，有说好的，有说坏的，大约不是定食有好坏之分，而是饭馆的高下之别。蒋碧微1919年随徐悲鸿留学法国，初到就很能接受法国定食："拉丁区……许多学校都设在这一区域，因此到处都有小饭店，售卖定食。法国大菜是世界闻名的，定食虽然简单，但是口味不坏，菜肴也很丰富，通常都是一汤一鱼一肉一点心，面包无限量供应，此外还有四分之一瓶红葡萄酒。像这样丰盛的一餐，当我们初去时只卖三法郎七十五生丁（一法郎合一百生丁），折总当时中国法币两角半钱；后来涨到了五法郎，可以说得上经济便利。"[①]

再晚一点，1927年赴法的名作家陈学昭，似乎也颇能接受法式定食，还有价廉物美的感觉："《大公报》来信聘我做驻欧特派记者，每月薪水120元。当时每个银元可换10个法郎。房租每月需150法郎，早点一杯牛奶和面包花两个法郎不到，有时不喝牛奶吃白面包，那就一个法郎也花不到；午饭和晚饭各花五个法郎左右一餐，已经能吃到一点牛肉了。"[②]更晚一点，丁作韶所描述的情形，也还差不多："五区（其他亦然）有一种饭馆专卖定价

① 蒋碧微《我与悲鸿——蒋碧微回忆录》，岳麓书社1986年版，第64页。
② 钟桂松《天涯归客——陈学昭传》，第78页。

饭，有五个佛郎的，也有五个佛朗廿五个生丁的，有酒有汤有荤有素有水果，面包听你吃。”[①]朱在留写得更详细些：

> 普通一餐的价钱，以第五区范围来说，从五方到十方不定。各家都写好了挂在窗门前。有的还把菜名也写出的。大概五方到八方左右，是他们工人普通的餐费；十方左右，便是收入比工人较好的小办事员以上的人，至于学生，除了真真阔绰的人而外，很少每餐吃到七方以上的。我们的官费生与富贵人家的子弟，也有非十方不办的人，但大概为数有限得很。[②]

章熊也对法国饭馆的定食有比较详细的介绍，可以对照参看，其所述坐食与立食之分，更是十分有趣：

> 早点饭馆是不卖的，大概一日三餐，早餐是在咖啡馆里边用，分坐食和立食两种。坐食和立食比较要贵一倍，立食吃一杯咖啡牛奶，和一个小点心要一方刀，坐食差不多就是两方。这是极普通的吃法。中餐和晚餐差不多一样，普通最便宜的定价五方或五方半连小费总要六方，还有六方半或七

① 丁作韶《巴黎中国留学生生活漫谈》。
② 朱在留《巴黎中国留学生生活》,《青年界》1936年第4期。

> 方半的不等，这都是定好价的。在规定的菜单内可以选菜，所有的菜是：红酒或啤酒一小瓶，小吃或汤一个，肉类一个，蔬菜类一个，点心或水果一个，面包随便吃。如果随意点菜吃，恐怕每餐不只十方了。[①]

上举前面两位都是江浙人，口味清淡，自然易于接受法式定食。但大量勤工俭学的口味重的川湘籍子弟则麻烦了。他们既吃不惯面包，更喝不惯红酒——须知这红酒乃系生酒，用红葡萄压成汁发酵而成，饮时用冷水冲酒，美其名曰浓淡随量，其实味颇酸苦。面包则为法国家用的大钱头式，每个约四两重，有饭碗大小，而且烤时因火候较大，外表色深而碎壳特厚。特别是在冬天，冷酒硬包，实在难于下咽。当时与李石曾共襄其事的李璜等人，忽悠学生们说，红酒是补血的，非学会去冲冷水喝不可！面包硬皮比内面软心更富营养，因为麦精都在皮上，也非吃了不可！反复劝说，仍被嗤之以鼻，学生毫不为动，吵饥吵饿。后由校长夫人想出法子，每餐烧滚水一大桶，且将前一顿剩下的厚面包皮，切成碎块，煮在汤内，各人可食汤两盆，始皆大欢喜。[②]

除饭馆包饭之外，还有一种家庭定食："有论月有论顿的，

① 章熊《留法琐记》。
② 李璜《学钝室回忆录》，传记文学出版社1973版。

论月每日三餐价目由三百方至四百五十方，如果不吃，可以预先通知他，以便扣钱。论顿的是六方到八方不等。还有住家包早点的，一月由五十方到九十方不等。”[①]

西餐无论如何难吃，留学生以及其他华人，到底大多数还是得吃西餐，因此，便有“从实际出发”者，鼓吹吃西餐的种种好处：“世界第一等善调口味的国家是咱们中国。西洋人一件也不佩服中国，只有提到一个‘吃’字他们口涎都会垂了下来。中国人也以此自夸。然而为什么中国一般人老是黄瘦？贫贱吃不起肉的人不说；所谓富贵人家，也多面黄如蜡，这又是什么原因？好似吃下去的东西，都不养生似的。我到法后，才的的确确觉到我们贵国的吃法，是‘养口不养身’的。大概说来，有两点通病：一是煮得过烂，一是和得太浓。这对于身体是大无补益的。因此我劝来西方的留学生，不必再想着家乡味道，干脆的吃西餐，一方面养人，一方面省时省事。”[②]

更有人发出反激之语：“未到外国前，常常听见人说，留学生吃的是牛油面包，却未想到有很多的留学生在外国成天的吃中国饭。”有的人十分反对留学生吃中国饭，理由是如果中国饭好吃，尽可老守在中国，天天享受好酒好菜，不必跑到外国来吃中国饭。[③]

① 章熊《留法琐记》。
② 朱在留《巴黎中国留学生生活》。
③ 华五《伦敦素描：（四）中国饭馆》。

二、中式包饭

一般留学生是吃不起中餐，又厌食法式定食的，那有中式的定食或曰顿饭可吃吗？钟道赞说在巴黎还是很容易吃到中式定食的：“中国饭馆共有六七家，价格颇低：若吃定菜，每顿只四五角小洋，否则六七角小洋亦足。早餐甚贱，只需小洋一角之数。总计每日饭费，约一元一角上下。”①秣陵生的《巴黎之中国饭馆》附上了其弟从巴黎寄回的两张万花楼和萌日饭店的菜单，均首列定食（顿饭）菜单。万花楼的是“炒肚丝、火腿白菜、红烧牛肉、拌生菜”，萌日的是“长葱炒肉片、红烧排骨、红烧鱼、白菜炒肉丝”。文章还对这份“顿饭”单有进一步的说明：

> 菜分定菜（即顿饭菜）及点菜（即特别菜）二种。定菜价目一定，可在四五样中任择二样。但每样数量只有点菜之一半，不另索碗箸费，惟须给小费。其价虽廉，然泰半劣而且冷，因系预先做成多份，放置备用者也。定菜“万花楼”最贵，有时亦佳而丰。并可零叫，每样二方七五。“北京”较次，零叫二方。“萌日”则劣而少（但犹比“东方”强），零叫亦二方。②

① 钟道赞《纽约伦敦巴黎柏林之学生生活》，1927年第30期。
② 秣陵生《巴黎之中国饭馆》。

顿饭或定食的升级版则称包饭：

> 所谓包饭者，即系每日每次在彼吃定菜之谓。每日两顿，不去亦算。“万花楼”，月纳四百方，“北京”“萌日”均为二百六十方。此系优待苦学生而设。[①]

如果又想吃中餐，又吃不起顿饭或包饭，那就凑份子吃，聊解莼鲈之思：“然大多数学生仍是各处点菜乱吃，且多数人合食，冬日有火锅，尤宜合作也。”[②]

包饭的味道，有人认为很不错，且物有所值。如章熊的《留法琐记》说：“在中国旅馆叫‘东方饭店’的包了月饭，每日两餐，可以吃包饭菜两个，也可以吃好一点的。一个菜的味道还不错，而且够吃，价钱并不算贵。在巴黎零吃，每餐连小账在内，至少要六方，是无可再少的了。”又说：“中国饭馆包饭价目不等，如北京饭店每月二百五十方，东方三百三十方，前两种大抵每餐吃两个包饭菜，后一种每餐两菜一汤。”有人认为不同于万花楼等大饭店，小饭馆的包饭物劣价不廉，稍久必腻而厌弃。如朱在留的《巴黎中国留学生生活》说：“此间的中国饭馆也有好几个，我也都尝过一下。他们也包饭，大约每月在三百方以上，算是便宜的；大约是一些肉

①② 秣陵生《巴黎之中国饭馆》。

丝炒什么菜，一碗很随便的汤。有许多人都是吃不上一个月，便不能再继续了。菜的味道既坏，饭也往往有气味。这些馆子，大概都是些工人合资开办的。有时留学生之挂羊头者，也是老板之一。他们的目的，只在一时弄几个钱，一切都不考究一下，所以弄得大名鼎鼎的中国菜，法国人也不敢轻尝了。”

“长安居，大不易。”帝都居留生活，从来都不是件容易的事儿，古今中外概莫能外。欧洲几大华人所聚的首都，如伦敦、巴黎、柏林，比较而言，巴黎还算“既平且靓”的。所以，前揭秣陵生的文章说巴黎的中餐馆：“以菜价论，较之北京平常小馆，约贵数倍。加之饭巾、小账、零费甚多。现自己每月限用在六百方以内，每顿平均九方上下，即国币八毛。可见欧洲生活程度之高矣。顾巴黎之中国饭店，取价犹为最便宜者。柏林则更贵三分之一。伦敦亦有数家，价亦甚昂。纽约最多，据自彼来者云，共五百余家，但大半系专做外人生意，价目奇贵。然美人素是阔大爷脾气，不懂挥霍，而又嗜中菜，一沾唇即若上瘾。其在学校附近供应华人者，价较低落。平均每餐定菜为美金五六毛。点菜为总须一元上下（美金一元合法币二十五方半，即中币二元三），以日常居留生活而论，此为世界最贵之地矣。”所言应该是那么回事儿，因由文献所见，相对巴黎，我们较少见柏林、伦敦中国留学生聚集中餐馆的。特别是柏林，从记录来看，胡适、郑振铎等经停其间也鲜少上中餐馆。

三、回到饭堂

定食包饭俱不易，退而求其次，大部分学生宁愿选择学校食堂吃饭，以求得物美价廉。巴黎的学生食堂分散在各院校附近，饭票像拉丁区许府街的学生总会去购买，每餐六十法郎可得一荤四素一汤和面包一百克，吃不饱时，素菜还可请求免费再添，面包不够时，每百克须付五个法郎。这种学生饭，据说政府差不多要津贴一半，同样的饭，在外面饭馆里吃，至少非一百法郎不可。虽说不上好吃，但比战时在中国后方的学生饭，要好出不知若干倍了。[①]

或许女生饭堂更价廉物美，董渭川1934年赴欧考察民众教育时，竟然被朋友们带着去吃过两次万国女子寄宿舍的饭堂，仅是“因为有中国女性住在里边，所以渭居然也能进去了”。而且吃饭的过程也相对斯文有序：“走进饭厅是一座长柜台，每人第一步先各取一份刀叉杯碟之类，走过去有许多菜摆在面前，可以任意选择，或汤或菜，或甜或咸，可多可少，有贵有贱，末后有一人管着计算价值，给填写在一张卡片上，各人随意找一个空位，吃完之后，把盘子碗送交另一柜台，从另一门走出。出门之前，交卡片，付饭资，没有卡片自然是走不出去。”由此亲身体验得出的结论：一是“这办法可以说是很科学的”；二是“论其价值，

① 张秩庸《巴黎大学速写》,《中美周报》1949年总第336期。

也比吃饭馆便宜多了”；三是还非常开放，男生只要有相熟的女生便可混进去享受这种便宜，女学生更是只要有学生证，便可施施然入内就餐。[①]

介于学生食堂和社会饭店之间，还有一种学生饭店，可谓学生食堂的升级版：

> 最近一年多在巴黎郊外大学城地方成立了一个大学城饭店，在里边吃饭的都是在附近住的学生。每日两餐，去吃的，不下两千多人。中餐自十一点一刻到两点，晚餐自六点一刻至八点半。里边自厨房至管理人都是女人。吃饭的人，一进去把衣帽放好，然后进入栏杆排好，自取杯匙叉等物，后到放菜的地方，任意选择，菜都在外边摆好，然后进入，菜拿好后到出口时，有人看你要多少，算好后给你一个票，上边印好钱数，在要多少那地方打一个孔；然后找地坐下吃，吃好后盘碟等物送回，就拿票付，付钱后，再给出门证一回，就拿它出门。这里吃饭有几种优点：（一）可以自由选菜。（二）环境好，吃饭的人，多是学生，活泼泼的青年，聚在一起另有一种快活的气象。（三）菜比外边便宜而味道好，没有

① 董渭川、孙文振《欧游印象记》，第133—134页。

小账，每餐比外边省一个法郎。[1]

陈里特也提到："在巴黎城南有大学区Cité universitaire学生饭店，其价既廉，食品又佳，故中国学生在此用膳者甚夥焉。"此外，陈里特还指出，像里昂中法大学与莫斯科中山大学和东方大学，以及比利时沙洛瓦劳动大学，学生的膳食均由学校供给，完全免费，想起来都觉得美，当然皆属特例。[2]

四、异国风味

巴黎是世界烹饪之都，留学生到巴黎，吃不起中餐的，法国定食也吃得津津有味，如前面蒋碧微所述；吃得起中餐，可以"天天万花楼"的，却忍不住要觅食异国风味。比如郑振铎，在《欧行日记》中留下了大量万花楼等中餐馆的饮食记，同时也留下了不少异国风味的尝试录："（八月四日）晚饭在Steinbach，一家犹太人开的饭馆里吃。吃到了'鸡杂饭'，其中有鸡胗，鸡肝，鸡翼膀，鸡脚等，烧得很好，而价钱又甚廉。"然意犹未尽，"晚饭后，到咖啡馆里吃'布托'（Porto），醺然有醉意"。八月二十七日又记："晚饭到Pére Louis吃饭，那是专以烧鸡著名

① 章熊《留法琐记》。
② 陈里特《欧洲华侨生活》，第56页。

的，价钱也不贵，顾客拥挤得不堪，常要立在那里等候。我们一进门，便见一大串的鸡穿在棍上，在火上烧烤。我吃了田鸡和烤鸡，味儿都极好。田鸡都是腿部，烤鸡则胖嫩异常，几乎入口即化。从没有吃过那末好的烤鸡过。”好像吃上瘾了，八月二十八日又约食法国烧猪：“午饭时，元与蔡医生约去吃烧猪，这家饭店即在St. Michel街附近，排场颇大，是专以吃烧猪著名的，那些猪据说是喝牛奶长成的。”这法国烧猪，似比不上咱们广州烧猪，“猪肉太多，太油腻，吃得过饱，颇不舒服”。①

至于郑振铎提到的吃青蛙，著名音乐理论家和教育家赵沨先生1955年以副团长兼艺术指导的身份，首次率领新中国京剧团和歌舞团访法，“到巴黎的第二天，在拉丁区一个著名的卖鱼汤和油炸青蛙的饭馆，和几位法国的诗人、小说家、剧作家们挤在一个小房间里热烈地谈论着”，当然也津津有味地吃着青蛙腿。②

像赵元任、杨步伟夫妇1924年第一次漫游欧陆时，在巴黎只有许多上中餐馆的记录而无他，在伦敦倒有许多觅食异国风味的记录。也许是英国的中餐馆水平太次：“在英国的应酬真少，因为他们对应酬非常讲规矩和正式，平日又不常出来随便吃（饭馆菜算英国的最坏了）。我们两个人最怕正式，所以也不到人家吃，

① 郑振铎《欧行日记》，分见第158、205、206页。
② 赵沨《欧游散记》，新文艺出版社1957年版，第1页。

也不请人吃，总是在SoHo区吃各国不同的饭馆子。”而等到1968年9月间第二次漫游欧洲时，却完全反了过来——在巴黎完全没有吃中餐的记录，尽是吃西餐的。比如他们住在巴黎著名的Ritz酒店，在酒店每人叫了两个鸡蛋，两条早餐的小肠子和两条炸干的火腿，上来一张四个人的圆桌，桌上二十七件镀银的很大的器具，打开一看，肠子炸干了只得一寸来长，火腿也不过一寸半长，而器具却有可以装一只鸭子的大小，四个鸡蛋也就显得小得可怜。“我对元任说，人人都说法国人摆排场，一点不错。再一看签字单子，是等于九元美金，再加一元小账，十元。就是美国大旅馆里，早餐也不过三元半到四五元。……可是法国早餐面包给的真多，我和元任两个人一星期都吃不了那样多。”①

由于法国人的好吃，求新逐异，因而价钱也贵过本国风味：“巴黎的饭馆各国都有，最普通的是：中国，日本，意大利，西班牙，英，美，德，丹麦等国。大抵外国饭馆比法国饭馆都要贵点，不过中国饭馆的饭价，还算公道。”②

① 杨步伟《杂记赵家》，分见第69、305—306页。
② 章熊《留法琐记》。

第二节　民国留学生海外自炊录

民国留学生旅食海外，吃确实是个大问题。因为民国时期，出国之前，饮食的多样性，远不能跟现在比，尤其是对西餐的接触，更比现在少，因此，对于海外地道的西餐，适应能力就更低。还有就是，国外的大学，并不是都像中国这样，有宿舍、有饭堂，常常得赁屋而住，或借食于房东，或自觅于餐馆。然而餐馆也没那么容易吃得起，特别是中餐馆，基本上都比西餐还贵，因此，自炊，常常就成为重要的选项，只要条件许可。循此考察，多有发现，也别有意味；短期旅居海外的专家学者，也一并予以讨论。

一

以笔者所能搜集到的文献所见，较早提出自炊主张的，是20世纪20年代初留学西雅图华盛顿大学的孙寒冰教授，他说："我等现在外面吃饭，每月大约需美金二十八元，若自煮则十二元或十四元已够。"[①]如果说留美的孙寒冰是主动自炊，因为既平且靓，留法的刘半农则被动自炊，因为拖家带口，既穷且不便外出觅食。

① 孙锡麒《赴美杂记》。

刘半农1921年至1925年在巴黎大学读博士期间，拖家带口，过得很苦，苦中之幸即当地的海鲜便宜，不至于食无肉。杨步伟和赵元任1924年6、7月间在巴黎时，初次去找刘半农，路遇其长女刘小惠。小惠问："你们在不在我家吃午饭？若是不走吃午饭的话，我就多买两斤猪肉回去。"杨步伟很识趣地回答她："不一定，但是你若预备我们吃的话，不要买肉，买点那个连壳的小新鲜鲍鱼好了，我喜欢吃海味胜过肉。"小姑娘闻言大悦："那个便宜得很，我们常常吃，买这个回去请客妈妈要骂我图便宜，我常常喜欢买便宜东西，家里又没有钱，买点便宜的不是好吗？但是总被爸爸妈妈骂我穷孩子相。"[①]这种贝壳类食物，在美国曾经贱到无以复加："由于大部分美国人认为这些奇怪的海洋珍稀动物不仅难吃，而且也是中国人弱智并具有动物嗜好的真凭实据，所以，这些贝类腌制后就运回了中国。"[②]

再则，即便有钱，除非很有钱，长期吃馆子，也是不容易的。如比刘半农更早到法国、也比刘半农有钱的徐悲鸿、蒋碧微夫妇，1919年5月抵达巴黎吃了一段时间馆子后的感觉就是如此："住旅馆，吃定食，虽然方便省事，可是天长日久，想想还是很不合算，于是我们租好了房子，立刻自己开伙。"[③]

---

① 杨步伟《杂记赵家》，第60页。

② 泗丽莎《百年金山：我的美籍华人家族奋斗史》，广西师范大学出版社2010年版，第32页。

③ 蒋碧微《我与悲鸿——蒋碧微回忆录》，第64页。

在欧美，自己做饭的一个意外的好处是，许多中餐的贵物，在欧美却是贱物。可是，这类微贱的肉食，在被鲁迅誉为“中国的济慈”的朱湘看来，仍嫌奢侈。朱湘1927年秋以庚子赔款从清华大学与柳无忌一道进入威斯康星州劳伦斯学院。因个性孤僻耿介，屡屡与师生发生冲突，并因此屡屡转学，先于1927年底转往芝加哥大学之后，1929年初再转到哥伦布市俄亥俄大学，直至未卒业而返国。这里面也有穷的原因：朱湘虽有不薄的官费，但要挤出相当一部分赡养国内的妻子和一对儿女，生活自然相当拮据。这种情形，可以从罗念生《评〈海外寄霓君〉》中见出：“在美国，八十元一月我们有时还闹恐慌，难为他每月要寄二三十元美金回家。诗人吐血，和省钱总是有关系。他还说每次二三十元不好意思去兑，其实在美国人看来这已是了不得的数目了。”①

这么穷，餐馆肯定上不起，借食于房东也还是不堪负担，因此，自炊，就成为不得已的选择。朱湘将其留学期间写给妻子的每封信都编了号，②在1928年6月29日第27封信中，他开始谈到他自饮的生活：“我每天吃鸡蛋，三分一个。白菜是贵些，七分半一斤。肉因为不干净难洗，我只买点火肉（假火腿）吃。”怎么可能肉不干净呢？分明是掩饰穷困的托辞。别说肉，好点的调料

① 罗皑岚等《二罗一柳忆朱湘》，生活·读书·新知三联书店1985年版，第106页。
② 以下详见朱湘《海外寄霓君》，河北教育出版社1994年版。

他都嫌贵！他在转学到芝加哥大学后，芝加哥是美国中餐馆的一个重镇，因此，在距离学校半个钟电车车程的大街上广东人开的商店里可以买到酱油、虾米和香菇。但是，他却说："比在中国自然贵得多，一瓶酱油要四角钱，别的可想而知。"在1928年8月29日第29封信中，诗人提到了另一省招——多用两角美金一斤的荤油，即西人基本不吃的猪油。

肉吃不起，做菜调料贵，所以他有时便借故不做饭，吃面条，说比饭食补。这当然也是假话。作为在长沙出生长大的人，不可能像北方人一样离得了米饭顿顿吃面条的，所以不久就"泄了底"："我今天作的面疙瘩吃，也是拿蛋和的，加白菜用牛奶煮，煮了半点钟，涨得很厉害，简直成了一小锅。"（1928年7月6日第28封信。）所以他要妻子寄些腌鱼腊肉来下饭，却又担心抽税。穷愁穷愁，大抵如此！在此之后的信里，他便屡屡提到收到了霓君寄来的充膳食品以及茶叶等。由于霓君娘儿仨是靠他的学费供养，即便咸干腊味及罐头，也不敢要求多寄："现在天气已经不会再热，我很指望你稍微买一点腌鱼腊肉寄给我，千万不要多，一样半块钱，总共一块钱的就够了。"（1928年9月13日第42封信。）当然也有出于怕坏的考虑。可怜的朱湘！

朱湘也提到过上馆子，其标准明显大大低于前述"每人平均要摊上一元四、五毛钱"的留学生："我每天菜钱美金三角，要是上馆子吃饭每顿至少三角五或者四角。"（1928年11月19日第56

封信。）而他竟然还嫌贵懊悔，因为他后来用妻子寄来的笋和肉炒，每天最多三角钱，“想起从前每天两顿饭八角美金在馆子里吃，又贵又不好，远不如现在”。（1928年11月26日第57封信。）

再一次退学转学至俄亥俄大学后，大约因为自炊不便，更因为他早在1929年1月1日第64封信中，提到君子应当远庖厨，而自己“一直作饭，实在是丢中国人的脸”，拟到了哈佛大学后，“我是决不再作饭了”，所以终于正儿八经写到了上馆子，然而仍是那么寒酸苦相：“中饭在中国馆子吃。五角，一碗饭，一大碗炒肉片，加白菜，芹菜，青椒，不辣。这本要七角。因为我同他们商议定了，便宜两角。”晚饭虽然又上中国馆子，却更简单了：“吃的面，是很细的面条，炒焦了。另加白菜，肉片等等，同一点蛋丝。”（1929年4月22日第83封信。）这哪及美国杂碎的款？

留学生活既如此之苦，因此设想国内找好工作，回到家里第一天“休息一整天。第二日里开荤，夜里也开荤。日里开荤，因为我想吃家乡菜想了好几年，你这几年来也是不曾沾一点荤菜。我们可以作一个冬笋红炖肉（或者红烧肉丸），一个红烧鱼。这一天我们不要通知亲戚，我们两个独自享一天福。说完了话，就吃好菜，吃完菜，又说说亲亲话。到了晚上，又开荤”。呜呼！这种话，哪该是一个豪门世家出身的子弟所说？形同乞丐了！所以，回国后再陷困顿，丐贷乏途，投水自尽，或亦存续天才伟大诗人美好之途乎？！

如果不是像朱湘那么困苦，又有点厨艺，最好能合伙做饭——一个人开伙，从来麻烦——那实在是可以过上很好的自炊生活的：

> 美国市中，餐肆遍望皆是。但来美读书者，如能烹调，以自炊为宜。如所租之屋有厨最好，否则购一电炉，每日赴菜场购米或面包及蔬菜鱼肉等，归而自炊，每餐不过一角五分，可以一饱，且风味亦较佳。能集友人数辈合作尤妙。吾友某君，尝以二角五分代价，向一屠肆易得猪肚数个，可食数日，大快朵颐，盖美人素不食此物也。此间惟鸡最贵，每个非一元不办，肉食较廉，牛肉尤贱；故自炊最妙。[①]

又如朱通九所述，亦复如是：

> 在留美的时代，天天面包牛肉，吃得实在有点讨厌。如果跑到唐人街去尝尝广东口味，则又觉路途遥远，不特不合乎真正的“经济”原则，抑且所费时间过多。很不合算。以后就同老友老温、小张二人商量，三人共同组织一个团体，自己烧饭，天天吃中国菜，鱼啊，肉啊，虾啊，鸡子啊，吃

① 林振镛《游美鸿爪录（二）》，1934年第11卷第6期。

得非常舒服。我们三人职务的分配如下：我担任购买食料与烧饭之职，老温掌调味烹饪之职，小张司洗碗扫地之职。各执一项，各司其事，颇饶兴趣。就费用而论，每月不过美金十二元左右，极为便宜。但我们每逢星期日，须吃全鸡一只，白炖红烧，应有尽有，味道鲜洁，极合胃口。[①]

自己做菜，难免精打细算，日久成精，特别是后来经济景气下行，当然包括国内的经济凋敝，算计更精：

法国留学生在小菜场上算小的习气，不可以说不是受了经济困难的影响。起初大家不到饭店里去吃而在家里烧饭吃的时候，大家觉得在吃上面已经节省了不少了；即使吃的菜像饭店里一样，价钱也只及得饭店里的三分之一。但是经济恐慌的怒涛，只觉得一天比一天危险，总不见有平息的佳兆；同时留学生的经济来源又受到了国内币制狂跌的影响，生活费已经减缩到不及以前的一半了，甚至于学费，书费，讲义费都发生了困难……唯一的办法只有在吃的一门上力求节省了！[②]

① 朱通九《留美时代西雅图生活的一段》，《青年界》1935年第7卷第1期。
② 劳珊《法国留学生（续）》，《人言周刊》1936年第46期。

"九一八""一·二八"事变发生之后，在华北与东南沿海重要城市中的人都逃到内地去了，自己逃命尚且来不及，怎能顾及到在国外的子女呢？因此，巴黎留学生在巴黎的生活情形便一天不如一天。家里的钱不能按日寄到，出去借钱又有困难，即使借到手，数目又不大，过了几天恐慌又来了。好心的朋友，在手头宽裕的时候，很有接挤穷朋友的，结果，杯水救不得车薪，连他自己也拖穷了。钱借不到当然没有办法，别的可以将就将就，吃是无法可以省略的。在这个时候，真是惨极了。有的人只得老了面皮托饭馆里的茶房，将每天客人吃剩的饭菜倒给他，带到家里烧热了吃，也吃得津津乐道，有时还要请几个朋友来"分享"呢！

二

其实我们想一想，按中国的情形，自己做饭并不那么容易；买柴生火做饭，会让书生们疯掉的！所以很少见到国内的大学生们自炊的记录。那为什么到了国外反而鼓吹自炊呢？当然不仅是为了省钱，为了吃得好，所谓工欲善其事，必先利其器，一个重要的原因是国外的自炊条件好——"住的房子，往往有瓦斯的，所以自己做饭非常便当，就是没有瓦斯，自己用煤油炉做饭，也不很费事。自己做饭，每天每人两三个佛郎就很可以了"。"所以中国学生，吃定价的也不很多，大都自己做着吃。”[1]

对自己做饭的好处与方便说得最透彻的是朱在留：

其实只要到法后一二月，寻得到菜市，买了炉子，我还是劝诸位自己烧吃。一方面可以听自己的方便与高兴，一方面也新鲜卫生，这里面并不多花时间。倘若有两个人合作，更为便利。而经济方面，可以大省特省。譬如包中国饭一月要三百五十方，吃西餐每月至少也得三百方；倘若自己煮，吃二百五十方一月，已可以把卖肉卖菜的人大吃一惊。以我自己来说，二百方一月已连早点，每餐已有肉吃；既新鲜可口，并且卫生。倘若吃到二百五十方，已可以有两个好菜，一碗好汤，饭后还有果子可吃了。至于时间之是否经济一事，据我的经验，只要住处连近菜市，每日午正便买好夜餐的菜甚至午正一锅烧好夜饭菜，到比进餐馆要省五分之二的时间。即或闲散一点，也不会多过到餐馆一餐的时间。并且自己烧饭，还有点好处；我们还可随时烧开水冲茶，冲咖啡，免得到咖啡馆解决口渴，更是省钱省时的事！

然而自己烧饭的问题比较复杂，现在也大约说点在下面：

① 丁作韶《巴黎中国留学生生活漫谈》。

> 一个人要有两个锅，一个炉子，价已见上。另加一点刀叉碗盏之属，这是家具。煤油与米，杂货店有卖的。油每筒十四方，一人的饭，可以烧一月半，米价在二方上下一基罗［即千克］，一基罗足供二日半至三日。倘要省事，则吃现成面包，每餐不过三四十生丁。酒精、火柴、炒菜的油盐糖牛奶等，也都在杂货店买。[①]

陈里特的《欧洲华侨生活》则对一个学生在巴黎自炊所需费做了详细的调查：“（a）米，五〇法郎；（b）火油，五法郎；（c）猪油，一五法郎；（d）肉类，一〇〇法郎；（e）蔬菜，七〇法郎；（f）酱油，三〇法郎；（g）盐，二法郎；（h）火酒，三法郎；（i）水果，二〇法郎。以上每月每人共二九五法郎，约合国币五十余元许；而其食品较在中国馆包饭者，滋养多矣。”因为在中国饭店包饭，每月每人最少二百八十法郎，但这种所包饭，“滋养料不足身体健康上之营养”；按零星点餐计每月更需五百法郎左右；西餐则更贵，最低限度每月需五百法郎。[②]

条件既如此之好，又如此合算，以至一些短期外派公干的人士，也愿选择自炊，董渭川和孙文振在欧考察民众教育时就是如此：

---

① 朱在留《巴黎中国留学生生活》。

② 陈里特《欧洲华侨生活》，第56—57页。

> 我们俩赁了一个稍大的房间，被褥家具一概齐全，可以在屋内用煤气炉子做饭，锅碗之类也由房主供给，整理屋子由房东负责，每星期赁费十九先令，一包在内。我们可以到附近的铺子里去买食品菜蔬，回来自己做中国饭。做饭之前，只要往一个柜子里放铜板（便士），就有煤气来；每天约用两便士的煤气。一月工夫，两个人连吃加住，用不到十镑钱。如果住在较僻静的地方，价钱更便宜。[①]

甚至相对富裕的使馆官员，也深觉自炊更便宜。郑振铎访法时，使馆官员陈任先对他说，住在巴黎，以前家眷在，自己烧饭，两个人二千法郎一月可以敷用，而现在一个人还不止用二千法郎。所以，郑振铎旅欧时，虽然多数在饭店里吃，除了中餐馆和法餐馆，还曾跑到犹太餐馆去吃了“鸡杂饭”，其中有鸡胗、鸡肝、鸡翅、鸡脚等，烧得很好，价钱又甚廉，但更乐意到亲戚高冈那儿去享受自炊的美食：“（八月十二日）晚饭在元家里吃，自己买大虾，买火腿，买酒，买面包来，然所费的钱，并不比在饭馆里吃的少。但大虾的大螯，甚似蟹螯，风味至佳。”[②]

当然，更有孤身一人而不嫌麻烦独起炉灶自炊的。如著名海

① 董渭川、孙文振《欧游印象记》，第167—168页。
② 郑振铎《欧行日记》，分见第168—169、158、164—165页。

洋物理学家毛汉礼1947年赴美留学，起初吃西餐吃得非常痛苦，遂决定自己做，买点菜蔬，往火炉上一放，就大功告成。并得意地总结说，不管怎么着都是自炊的好："反正，对于烧菜，中国人个个是天才，再说，即使烧得不成东西，其味道也要比外面的强，价钱也可以公道些。还有一点，值得告诉的，在美国市场上，无论肉类、鸡、鸭、菜蔬都是宰好，洗好，不必再操心的了。"[①]

留学生们如果实在没有条件自己做饭，那就创造条件时不时地做一做饭，也挺美的。比如设在拉丁区太子街28号楼上的巴黎中国学生会，有四间房子（房钱由大使馆出），留学生们经常集会，有时便可趁便聚餐。"去年（1947）过旧历年的时候，巴黎中国学生在这里聚餐，到了六十多位，由男学生担任采买，女学生担任烹饪，作了几样上海菜、四川味、广东饭，是中菜西吃。"而且还便宜得很："普通（饭馆）吃一顿需二百法郎左右，一大碗汤面也要一百二十法郎，而中国学生是自己作饭，一天才一百多法郎。"[②]合伙做饭，还有不少轶闻趣事，如邵洵美所记著名戏剧研究专家谢寿康事："原来老谢会烧小菜……他的拿手好戏是醋溜黄鱼，非特皮脆肉嫩，颜色还好看。他这副本领，在巴黎留学生中，没有一个不知道；所以逢到有什么相熟的朋友请客，都

① 毛汉礼《洛杉矶三简：一个陌生人看美国》，《中央日报周刊》1947年第12期。
② 张秩庸《中国留学生在巴黎》。

特地请他去做厨子，一个人来不及，太太小姐们便来帮着他炒一盆肉丝或是炖一碗嫩蛋。我的职使惯常是洗碗筷，盛饭。”①

大美学家朱光潜留法时寄食于法国人家里，自己不做饭，也不吃食堂不上餐馆，因此也就很客观公正地记录了当时丰俭由人的种种饮食方式：“英国各校的生活费用相差都不甚远，法国就不然，你要过富的生活固有富的生活过，你如果要过穷的生活也有穷的生活过。我最好举几个实例：（1）一位朋友住在大学区的旅馆里，每月房金约五百方，每日赴中国饭馆吃饭也每月约花五百方。（2）一位朋友住在巴黎一个Pension里，每月膳宿费共九百方。（3）我自己住在巴黎近郊一个人家，每月膳宿六百方。（4）一位四川李君在巴黎租了三间房子，每年房租仅一千多方（约国币百元）；他们两人同住，自己造饭，每月每人只花二三百方。”②显然，合伙做饭，最是合算。

至于那些勤工俭学生，作为组织者之一的吴稚晖，是一开始就鼓吹自炊，并备述其种种好处：

> 此法不惟省钱，在不佞与李石曾先生之理想，以为新时代之人物，于饮食一项，应当设一简便法，以适于旅行，不当

① 邵洵美《儒林新史：回忆录》，第76页。
② 潜（即朱光潜）《英法留学的情形》，《一般》1928年第5卷第2期。

煎熬炮炒，务为繁琐，使口腹一项，造出许多不便，故即如圆心火油灯，在欧洲俭约之家，仍复广用，因其价较电灯煤气灯终止得半，火油灯加一文明烧架，利用之以为个人之煮饭炉，配以华美轻巧之锅壶，颇不碍于视瞻，置之书桌之上，一面烧煮，一面写读，亦不害于时间。一人之食物，若料量周到，配搭精审，于食器可无赘余，于卫生可无妨碍，于滋味可无厌倦。余曾介绍二三人，在伦敦实行此法，皆称无少费事。内有两人，因房东止供电灯，且皆以火酒点之，每人每星期，约费两元，能使食料不减于寓主之所供给，且偶参家乡风味，于口福略增，足偿手足稍忙之劳如此。觅一三元一星期之房间，但管床铺收拾，不管饮食者，亦甚易易。以三元之房金，加上食料两元，不过五元一星期，年止二百六十元之房饭金，剩下三百四十元，供给学校修业及添衣买书零用，便精神上大增愉快矣。我等方拟配置精美之烧饭器具一副，总括而置于小皮包，又配合食单一纸，购办食物简便法之说明书一小册，以供愿就简便生活法者所采用，不惟可适于俭学也，且并适于我等之旅行，及轻便之家居。如内地食物店之不洁，直以性命相委托，方知个人自炊爨之风尚成，亦社会不良时之卫生法矣。[1]

---

① 吴敬恒《朏盦客座谈话》，《少年进德汇编》1918年第4期。

但是，他又何曾想到，炊无可炊的穷学生，如后来著名的共产党人何长工所述，曾经历过怎样一种凄惨的自炊呢：

> 也有一部分同学，住在地窖里，自己开伙，买不起炊具，就几人共用一套，烧完一锅，再烧一锅，饭烧熟了，就端着盆子站着吃。一方丈面积的地面，煮饭的有好几十人，终日炊烟不断。晚上几十人就睡在地板上，躺下去，休想动一动，翻个身还得喊口令。
>
> 吃的是什么呢？是最便宜的豆饼、土豆。因为没有钱买汽油，土豆都烧得半生不熟，吃到肚里，不好消化；吃长了，就闹胃病；学生都病倒了。抬进医院，医生也检查不出是什么病；因为法国人没有这个经验，他们不吃生土豆。好多人就这样不明不白死掉了。医院解剖尸体，发现胃里面全是一个个球形的土豆，像是铁疙瘩。医生摇摇头，想不出办法；再抬去一个，又死一个。弄得人人提心吊胆，怕害病，病了就要死。[①]

三

还有一种顶级的自炊，则为富家子弟之自带家厨。比如李

① 何长工《勤工俭学生活回忆》，工人出版社1958年版，第57页。

石曾、郑毓秀。李石曾虽出身钟鸣鼎食之家，其家厨厨艺自然了得，可惜并未在朋友圈引起较大反响留下一些记载，只是后来研究者在讨论民国巴黎中餐馆时被约略提及，说他开设的“中华饭店”由随行家厨高二安掌勺，厨艺精湛，当时法国著名汉学家赫里欧、孟岱和一些政界、文艺界人士经常驾临云云。郑毓秀的家厨也了得，已见前述；她自己后来也颇自得地回忆说：“我的房子是在拉丁区附近，曾被人家称为‘小使馆’。我从中国带了一个女仆来，她是一个好厨子，因此我们常常吃中国菜。”[①]家厨原来是女仆。其实女仆充家厨，在粤地是有传统的，我曾撰《民国味道，女人的味道》一文详说其事，收在拙著《民国味道：岭南饮食的黄金时代》中，有兴趣的读者诸君可以查看。

至于以厨艺声闻于美邦的杨步伟，也可以视为赵元任先生的特殊的“家厨”吧。她倒是最善于利用美国“独特”食材的烹饪高手。抗战期间，她在耶鲁大学所在地纽黑文筹划了一项为中国的赈灾活动——卖中国饭：“打算卖五百份饭。一小碗汤、一菜、一肉炒菜、一饭，卖一元五毛，本钱只花二毛五分，就没有别的开销了。幸亏那时东西便宜，猪肉扒只七分一磅。那时纽黑文还没有中国饭馆呢。”当然，更加因地制宜地伺候好了他的老公和朋友：“那时不但钱紧，而买东西也难，有些东西都要照发

① 佚名《郑毓秀自传》，《台湾春秋》1948年第2期。

出来的领食物票子限制买的，只有鱼虾可以随便买卖，而在那时的鱼虾也便宜，所以今天五磅虾明天十磅地买，好在中国人爱吃虾的——但是我为那四年中就给虾吃怕了，一直到现在什么种做法的虾都不要吃了，可想当日是请人吃了多少虾。”当然对于深受粤菜影响的她，也容易有办法伺候，特别是在哈佛那一阵子："站在哈佛大门前的哈佛坊等一些中国学生经过，就问他们有没有多余的票子给点给我们用，因为中国学生或是包饭，或是不大在乎牛肉和牛油等食物，鱼虾鸡鸭都不在配给限制之内的。”“到批发市场去买和拿些不要钱的鸡翅膀、胗肝等等和买些虾来吃，因为虾只得两毛五分一磅，大批买还只两毛一分一磅，所以连家里和赈济会里我多数用虾等材料。有一次蒋梦麟来了，同我一道到市场去看他们扔东西，就摇头说美国人真是暴殄天物……我书上写的美国人能扔多少就扔多少，我们中国人能吃多少就吃多少。”是的，如文所示，杨步伟还写了一本《中国食谱》；它的风靡一时，说明她烹饪的菜肴的水准是大大超过了美国杂碎水准的——同样是利用杂碎以制佳肴。[1]

其实，早在新婚燕尔偕游巴黎时，杨步伟即开始在酒店偷偷地自炊佳肴伺候夫君了，而且这种偷着炊，别有风味："其时董时进也正在巴黎，有时我们两个人去玩，有时也买点东西就在旅馆

① 杨步伟《杂记赵家》，第216—243页。

里偷偷地烧了吃，因为房间有一个大柜子可以放火酒灯煮东西。有一天鸡才开锅，女用人来打扫房子，我们就赶快给火关起来，柜门也关了，等用人一走，开锅盖想给鸡翻个身来再煮，没料到鸡已烂了，从此知道法国养的鸡如此嫩而肥，味又鲜，难怪法国菜出名的好，以后我们常常地弄了吃，三个人一顿就吃光了。”①

有太太充家厨，便宜又好吃，时人多有提及。如詹文浒说：“中国同学带太太去的，只房钱上，稍多费些，在饮食方面，倘由太太自理，那和一个人的费用差不多。”②沈怡的太太应懿凝在《欧游日记》中也有多处自炊的记录：1934年8月11日在瓦痕湖乡间托江（清之）夫人买了一只鸡，并将国内带来的火腿等食材一并请其代为烹制。由于江夫人“甚精于烹调也，饭时而往，适江君同学朱王二君自明兴来，郭德歆、叶雪安二君亦在，共谈故乡之事，辄为神往。食时除火腿炖鸡外，有干菜烧肉，洋葱牛肉丝，糖醋拌黄瓜，珍馐罗列，美不胜收：顷刻如秋风卷叶，一扫而尽”。③9月8日及12日在柏林，则两度记录了张叔弢夫人的烹饪之美：“晚间张叔弢夫人招往其寓便饭，遂与张君同行。张夫人和蔼可亲，视余如弱妹，四顾无亲，倍觉依依。饭时珍馐杂陈，佥为张夫人所自烹。”“晚饭于张寓，张夫人饷以

① 杨步伟《杂记赵家》，第65—66页。
② 詹文浒《欧美透视（环游心影录）》，世界书局1938年版，第26页。
③ 应懿凝《欧游日记》，第66页。

面食，味殊鲜美。”旅居海外，有太太味道以解羁旅乡愁，何幸之有！

其间，沈怡的姐夫黄郛（1880—1936，字膺白，号昭甫，浙江上虞人，曾任国民政府外交总长、教育总长、代理国务总理摄行大总统职等的民国著名政治人物，也是蒋介石的拜把兄弟），偕妻眷赴欧美考察，沈怡就因此跟着颇享了一段时间别样的“太太佳厨”：“每日午晚二餐均吃中国饭，都由大姊自己动手，我则在旁帮忙，如买菜洗碗等事。”当然，如此难得的太太佳厨，旅居海外“有机可乘”的名流自然也不愿错过：“除了姊丈、大姊和我三人外，更常常有不速之客，常作座上客的有章行严，及有时也有伯樵夫妇。”①

当年钱锺书、杨绛夫妇在牛津时，杨绛主动地充家厨，不是因为自己烹饪手艺有多好，甚至可以说初初完全不懂烹调事，只因她是个贤惠的媳妇，觉得寄居之家的伙食愈来愈糟，担心钱锺书受不了，便另租了一间有厨房的房子自炊。但刚开始时闹出不少笑话，比如煮红烧肉把肉用大火煮得又老又硬。后来懂得了文火的妙用，便凡肉皆以文火炖之。久之，烹饪手艺自然有进展，且足以待客，俞大缜兄妹、司徒亚、向达等，均多受其惠。②

① 沈怡《沈怡自述》，第87页。
② 杨绛《杨绛文集（散文卷·下）》，人民文学出版社2004年版，第185—187页。

还有两位名流，身边常自备厨师，未审是否是家厨，但水准或胜家厨："以前，叶公超和郑天锡两位先生旅居欧美，身边常有名厨替他们治馔。据作者所知，他们每次请客，不分中西，均事先和大厨师或客人研究喜吃何种菜式？哪类点心？谨慎将事，使得客人乘兴而来，满意而归。"至于新时期将家厨升级换代的最佳典范，当属董建华之父董浩云从旅居巴西的国画大师也是美食大师张大千处"借"来其家厨娄师傅，在纽约华尔街附近开设私厨餐厅"四海"招待各路嘉宾贵客，一时盛况空前。[①]

1946年初，作为《和平日报》特派记者赴伦敦报道第一次联合国大会的陆晶清，就对赁居的寓所不能自炊或者不能好生自炊，大为郁闷："住在这小屋中使我感到最不满的是不能自炊，这不惟不方便，且使我经济损失太大。每日早餐是由房东太太供给，虽然能得一饱，可是她卖价也够高，每餐得付她两个半先令。中晚两餐，只好出外解决，所费又不少……虽然几家中国饭馆的菜仍蒙外国人称道，但我只能承认他们是把些杂凑的荤素煮熟，而不能承认那些菜足以代表中国烹调。"当然这也有客观原因，就是二战刚结束，美国马歇尔援助计划尚未展开，百废待兴，国家还穷得很，各种物资短缺——"'巧妇难为无米之炊'，

① 陈本昌《美国华侨餐馆工业》，第236—237页。

原因是缺乏材料”。[1]买不到地道的中餐食材，则是另一种“巧妇难为无米之炊”：“中国人住在巴黎附近乡村的很多，自己动手来煮菜烧饭的也有，不过时间太不经济，且真正中国菜的原料太少。所谓自己弄饭，也不过买条长面包，煮块牛肉而已。想到中国菜复杂温和的味儿，真是十分惆怅的事。”[2]

如果自炊不便，又西餐久厌，野炊解馋，也可成一选；有时简直非得野炊不可。比如唐鲁孙先生说，江苏南通的保君健留学哥伦比亚大学时，同系同室有位广东籍同学汤家煌，因家族世代在广州开蛇行，凭着从小练就的捕蛇绝技，烹蛇解馋，自需野炊以成事，不然会吓死美国佬：“留学生天天吃热狗三明治，胃口简直倒尽，汤君偶或逢周末，有时约了保君健郊游野餐，总带一两条活蛇，到野外现宰现炖，两人大啖一番。起初保君健心里对吃蛇还有点吓丝丝的，后来渐渐也习惯了蛇肉煨汤滑香鲜嫩，比起美国餐馆的清汤浓汤，自然要高明多多。从此两人不时借口外出度周末，就到郊外换换口味解解馋。”[3]

① 陆晶清《山居杂拾：伦敦通讯之一》，《妇女月刊》1946年第3期。
② 过福祺《巴黎的学生生活》，《申报》1929年2月18日。
③ 唐鲁孙《天下味》，广西师范大学出版社2004年版，第124页。

第三节　民国留学生的工读往事

中国留学生，特别是自费生，往往需要打工挣学费和生活费，到餐馆洗碗、端盘子成为首选，近些年来则延伸到送外卖。但洗碗端盘子的具体情形如何，风靡一时的电视剧《北京人在纽约》较早做了视觉呈现；著名旅美作家陈若曦曾在《南方周末》撰文说，当时他们是排着队租《北京人在纽约》的录像带来看。电视剧第一集即说到男主角王起明在中餐馆湘院楼找到一份洗碗的工作。如果说王起明尚不属留学生打工一族，那在第二集中出现的好友大李，则是正宗的留学生打工仔了。

到如今，对当代留学生的打工生活，所见所闻甚至所历多矣，但是在早期，甚至还有排华歧视等问题存在时，那又会是什么样的一种情形呢？

一

较早写到打工生活的是著名历史学家蒋廷黻。他1912年初自费留学美国，学费完全没有，盘缠的一部分还是他在湘潭教会学校的老师林格尔夫人帮借的，因此一开始也就是听从她的指引，在基督教青年会的帮助下，直奔派克维尔的工读学校派克学堂（院）。在这样的小地方这样的小学校当然不会有也不必到餐馆打工，听从学校安排即是。“我抵派克维尔的前两年，该校曾有一名中国学生，他后来名闻世界，他就是董显光博士，是一位名记者并曾任驻美大使。”[①]董显光出身宁波清贫农家，也是通过教会的资助前来的，毫无疑问也是工读生。传记文章说他是1909年前来美，那可还在清代。[②]

1913年，蒋廷黼申请到了湖南省长谭延闿提供的奖学金，可以为他哥哥提供路费，因此派克学院又多了一位中国工读生。工读学校毕竟水平有限，加上手中有了奖学金，到1914年，他们兄弟便分别转学亚拉巴马州的工艺专科学校和俄亥俄州的欧柏林学院。可是不久谭延闿被袁世凯免职，他也跟着失去奖学金，虽然有林格尔夫人和柯尔毕夫人提供奖学金，但生活费用必须得打工挣取。除在学校的中国学生俱乐部（共有二十几名中国学生）从事清洁、烹饪等赚取食宿费外，假期还得另觅工作；在从事了好几份不成功的工作之后，他终于在欧柏林学院小旅馆的餐厅里找到了端盘子当招待的活儿，而且干得非常出色：“我对端盘子艺术很有一手。我不仅能仔细调配时间，更能牢记每位客人所点的菜。我成了端盘子明星。”在四年的端盘子生涯中，还有两桩较有意思的轶事。其一是：

① 蒋廷黼《蒋廷黼回忆录》，岳麓书社2003年版，第54页。
② 柳长《董显光传略》，《民国档案》1989年第2期。

有些教授到餐厅来，我侍候他们。他们同情我，多给小费。我感到很不安，因为在中国，学生对老师习惯上总是免费招待的。我对心理学系主任史塔生说："我是你的学生，不能收小费，因为中国习惯是'有事弟子服其劳'的。"他听后大笑不止。他说在美国给小费是很普遍的。①

更有意思的是：

有一天，是在毕业典礼那一周，我的女友凯塞琳和她母亲到餐厅来，另一个端盘子的，也是个学生，有意捉弄我，故意避开。我被迫只好硬着头皮去招待这两位女客。我女朋友的母亲给我五元小费。我感到很尴尬。②

我们看到，蒋廷黼打工端盘子都是挺愉快的，即使偶遇尴尬，也掩饰不住愉悦的底色。

早期另一位颇为享受端盘子生活的是后来成为经济学家的陈翰笙。他1916年在洛杉矶附近的波莫纳学院上学时，"租不起公寓，只好接受一个朝鲜留学生的邀请，住到他自己建造的木棚中去。这个木棚大约有十几平方米，除了两张木床外一无所有。但

①② 蒋廷黼《蒋廷黼回忆录》，第60—61页。

是，要维持这样的生活也很困难，我只好利用假期去附近帕萨蒂纳的饭馆端盘子，侍候人。这种工作一般没有工资，靠顾客给的小费攒钱。那些富人们往往一边吃一边谈，如果你在旁边侍候得好，他们一出手就是几美元。有一次，一对年轻夫妇带了一个小孩来吃饭，我除了照顾大人外，还格外照顾了那个可爱的孩子，这夫妻俩十分高兴，连声称谢，还给了五美元小费。”五美元，在当时，尤其是对穷留学生而言，可称得上是一笔巨款了。“就这样，我有两个暑假都去端盘子，每个假期都能拿到几百美元小费，够一年零用的。”[①]一个暑假赚的钱，能够一年的零用，现在这样的差事也难找啊，信乎其美。晚年的陈翰笙先生，能于1984年主编出版10辑共计300多万字的《华工出国史料汇编》，或许也与早年的工读生活有关吧。

可是，稍后的大诗人朱湘，并不这样想。他虽是公款留学美国（1927年9月至1929年9月），可因为要挤出钱来寄给祖国的妻儿，日子过得十分苦；困顿之中，朱湘还曾“自慰慰人”地写信跟妻子说，他可以到餐馆做菜挣点钱，可是转头又说：“至于到饭馆作菜等等，那更是于面子有损；因为外国人作给外国人吃没有什么，中国人作给外国人吃就不成了。”[②]这莫名其妙的自

① 陈翰笙《四个时代的我》，中国文史出版社1988年版，第19页。
② 朱湘《海外寄霓君》，第161页。

尊——还是做厨师，要是端盘子呢？！

其实，即便朱湘想打工，除了端盘子，也没什么工可打，因为除此之外，美国多有限制：

> 中产阶级之子弟，为经济所困，徒怀赴美求学之志，不能如愿者，大有人在。而到美以后，感受困难者，亦比比皆是。三年以前，美国中华商会鉴于此种情形，曾联合美国各大埠中华商会会同呈请美国工部，特准中国留学生于休假期内，在工厂中自觅工作。一方既可得相当之收入，以补留学费之不足，一方俾习工艺之学生，并可乘此实习。当时美国工部亦以为然，曾经发表一种条例，准中国留学生得于某种工厂内作工。惟旋有某某等不遵此项条例，美工部遂完全将此条例作废，美工部此举，其不利于中国留学生，自不待言。自此中国学生凡有在厂作工者，均须受放逐律之支配，即须驱逐出境是已。①

二

到后来，留学生越来越多，公费名额却不会越来越多；即便有公费，时局日艰，也越来越难按时和足额收到，因此，打工挣

① 佚名《留美学生勤工俭学之机会》，《侨务》1922年第42期。

学费和维持生计，就成了许多留学生的标配。张月庐的《在美的华人餐馆及侍者》就提到，约百分之五十的留学生，是靠在专为美国人开设的中餐馆端盘子维持生计和学业的。与早期蒋廷黻等能在西餐馆打工不同，到了20世纪30年代，多数只能在中餐馆打工，这是因为“美国自动取食不雇侍者的食店极多，但华餐馆则全用侍者”。对于这种自助餐的风行，当时国内也有报道，详情可参见《妇女杂志》1930年第4期仲华的《美国新流行的无侍者餐室》。在中餐馆，差不多所有食物都是现点现炒现送，侍者需要量大，生意忙时，每个侍者只能照顾五张桌子，一间普通的餐馆，最多时要用到三四十人，因此，延聘学生兼职，成为节约成本的好办法，不少餐馆的侍者，“大半是临时招得的学生”。

侍者俗称企台（至今在广府地区仍然沿用），洋称威打（Waiter的译音）。也有人称为“差利”：“差利，你做Waiter还带眼镜么？”“这其中含无限揶揄的意思，非身受的不知其中况味。”这种况味，也大不同于蒋廷黼时代了；朱湘的敏感，多少也是有一点缘由的。当时美国中餐馆的侍者又分为三种：第一种是长工，每日10时上工，次日凌晨2时散工，每日工作16小时；第二种是午餐工，每日只做午餐时的工作，从上午11点到下午2点钟；第三种是“礼拜尾工”，就是只做星期六及星期日，每日从下午3时至次日凌晨3时。学生多做第二种，也可做第三种，第一种则无法做。但如能在暑假做长工，那当然好，按当时的行情，每月可得二百余元；平时做午餐工，每日可得二三元不等；如做“礼拜尾工”，每个“礼拜尾”可得十五元至二十元。这不仅够交学费，还可维持生活。其实这些收入，来自工资者极少，每日至多一元半，绝大部分都是从客人小费而来。

侍者的具体工作，是每星期洗地板一次，每日擦碗碟一次，当然最重要的工作是伺候客人，简言之，点菜、上菜、结账、送客。第一麻烦的是在广东人开的中餐馆，客人叫的菜名是英文，但报给厨师要用广东话。而广东菜菜名很讲究，譬如“菜心炒肉”，不能说成“肉炒菜心”，否则就会被厨房一顿臭骂！第二是上菜时，如果生意忙，每个菜盘上都装得满满的，厨房至餐厅只有一门，几十个侍者同时在此门出入，一定要练到能高高地举起这满盘的东西，左右随意，才能在极忙时杀出重围。稍不留心，菜盘打翻了，要赔偿还不算，满厅的人都对你望着，不由你不面红耳赤。第三怕上错菜。譬如一顿饭三道菜，第一道是一碗汤，第二道是种种不同的杂碎或炒面，第三道是各种点心。有时一个侍者同时要照顾二十个客人，有时汤已端出来，客人叫的什么杂碎忘记了；有时客人已经食毕而账单忘记写了。

留学生端盘子，最不堪忍受的是精神上的痛苦。首先是来自厨师。他们大都是广东四邑（恩平、开平、新会、台山）的乡下人，因为在美国会做厨子的人很少，物以稀为贵，所以他们的工资极高，还可以随意发脾气，就连东家也怕他们几分。有时厨师还有兼股东的，那更是暴戾强横。生气发泄的集中点就是侍者。侍者稍微叫菜不清楚，或菜尚未煮好走到厨房看一下，虽只一些小事，他们也会破口大骂，不仅骂你本身，还骂你家中，骂你祖宗。张月庐就曾亲见一位北平国立大学戴眼镜的文弱教授，虽然在哥伦比亚大学得了博士学位，因盘费无着也到餐馆做工，被那厨子走到跟前，仔细看了好久说："你的父母是什么东西，会生下你这不中用的笨蛋来这里现世！"那位先生托着盘子索索地抖着，愤怒到几乎连盘子都摔了！其次是职业侍者视学生为同业竞争者，报以冷淡、嘲笑、讥讽或揶揄，也使人难堪。然后就是顾客。美国餐馆的顾客从不挑剔侍者错误，但在华人餐馆中侍者就似乎应该有十二分周到的伺候。许多常光顾杂碎馆的"贵客"，有时嫌桌布太脏了，有时兼汤太冷了，稍不如意就告诉掌柜，掌柜照例不管三七二十一当着餐馆中许多客人的面将侍者大骂一顿；虽然他知道错处不在侍者，然而不骂侍者客人怎么会高兴？凡此种种，只能忍气吞声。张月庐写这篇文章的时候，正值大萧条时期，美国工商业凋落，餐馆也受影响，那是"连想受骂的机会都很难"有的，还能不忍？[①]《申报》1937年4月19日有一篇石骅的《留学生当餐馆侍者》，内容与张月庐的文章大同小异，疑为抄袭，但编辑的采用刊登，也反映出留学生打工生活之受国人关注。

① 张月庐《在美的华人餐馆及侍者》。

二战期间，特别是在美国参战之后，战争状态之下，经济不景气，工作机会少，“美政府对黄种人做工一层，禁止特严，故正规工作，如开驶电车、汽车、制造罐头食品等，碍难参加，仅可充私家临时雇佣，如抹窗、扫地、洗盘、托盘之类”。看来，留学生端盘子也是别无选择啊！“此项工作报酬，除供膳宿外，每星期约有四五元之津贴，所谓膳宿，亦极鄙陋，大多睡在地下室。”但是，邓传楷对这班“除少数富有者外，大多半工半读”的私费学生，却是心存敬意，大为礼赞：“此辈学生，除早午晚工作外，其余时间，全部埋头书本上，故考试成绩，较诸少数公子哥儿，意存镀金者，胜过十倍，平直言之，学业成功之留学生，半工半读者居多焉。”[1]如果朱湘听了，或许不会反感打工端盘子，更不会年纪轻轻就投江自杀了。

还有一种打家庭工的，以前除了粤仆，很少见于留学生的记录，笔者也仅见之于蒋廷黼的湖南邵东同乡何廉的《何廉回忆录》。1919年何廉初入波莫纳学院（后于1926年获耶鲁大学博士学位，回国后成为著名经济学家，曾任南开大学代理校长），几天之后，即有人告诉他可以去克莱尔蒙特高等学校校长弗兰克·帕尔默先生家干活，以谋取生活费用。“于是我就去见帕尔默夫人，她让我为她洗碗，这样每天可以在她家吃中、晚两餐。”虽然如

① 邓传楷《旅美见闻录》，国民出版社1943年版，第8页。

同帮仆，可是却得到主人的尊重，并与主人成为好朋友："我记得我第一次去他们家干活的那个晚上，从后门进去，一到厨房就开始洗碗。一会儿，帕尔默先生从学校回来了，帕尔默太太准备开饭，我放下手中的活，朝吃饭间走去。可是没有料到帕尔默太太要我在厨房里吃。我很尴尬地回到厨房，一个人不声不响地吃了饭，洗完了碗，离开的时候跟他们说了再见。第二天我又去干活，一进门，帕尔默太太歉然地对我说，以后我同他们一家人一块儿吃饭。我愉快地答应了并表示感谢。我在他们家干了两年活，我们成了很好的朋友。"[①]至此我便想，朱湘如果不是过分敏感偏执，真要试着去打一下工，一方面生活不至于那么艰苦，另一方面或许也能有蒋廷黼、何廉这样的美遇，他的性情人生或许可以因此改变呢。

三

若论工读生活，则留法勤工俭学生的工读生活，连篇累牍，难以尽书，正好我们可以回到饮食生活的主题上来，看看这些勤工俭学生是如何个吃法。

对此，留法勤工俭学运动的发起人之一吴稚晖曾有过介绍或者说交代。他说，勤工俭学生一般住在八元一星期的客寓中，

① 何廉《何廉回忆录》，中国文史出版社1988年版，第25页。

即已包含餐食。其中生动翔实的记录，不独对于我们了解勤工俭学生的饮食生活有帮助，对于我们了解英人日常饮食生活也大有裨益：

> 早八时或八时半，主妇设早餐于客堂，叩客之房门曰：早餐已设矣。客应曰：唯。至客堂就坐，每人盘中油煎鸡蛋一枚，火腿两片者其常，有时熏鱼一尾者其暂，面包切片已涂牛乳者，陈于桌心，任取多少。茶注于杯，和以牛乳方糖，一杯与两杯，听客之所嗜。平花白台单上，盆盎刀叉整如，瓶花中设，且食且谈，问题大都出晨报，是曰早餐。午餐十二时半，又叩客之房门曰：午餐已设。其时台单益洁白，盆盎刀叉益增，瓶花益烁，主客毕坐，主妇割牛羊之肉或鱼块或杂脍，约拳大者一品，置大盆献客。番薯或菜或蔬，另置大碟遍传桌上，而各色取少许，和肉以食。调味架上之盐缸酱瓶醋樽椒盒，任客自取。肉食既罢，乃进糖食，所谓“补丁”［布丁］者是也。此为英人之特色。补丁凡数百种，新妇必以能作补丁为贤慧，一如我国闺中学作饼饵，为大家女子之天职。补丁之常食者，无非杏子或苹果补丁、蒲桃干补丁、细米或凉粉补丁、大米鸡蛋酪补丁之类是也（西洋粮食店亦售大米，即作补丁之用，在彼人视大米，一如吾人之视薏米也，惟价格亦止倍于上海米价，运往者为南洋日本，而米质则以爪哇为最佳，

日本次之)。肉食一盆，补丁一盆之外，各得面包一块，不涂牛乳，饮则清水，贮于玻盏，是为午餐。非有能如上海之香菜五六七种，连连而进，虽餐馆与富室之餐，亦与上海香菜相同，品类繁富。然寻常中户之食，决无有过两三品者。俭学之寓餐，果则绝迹不见面(惟水果甚廉，间可自购，晨夜作消遣品)。午后五时，名曰吃茶，茶和乳糖一二杯，面包涂牛乳或糖酱数片，客气者复加蛋糕一盘，夜八时半或九时，又有茶一二杯，面包与糖酱，或加饼干，是名晚茶。或局运佳者，晚茶与午后之茶，并在六时，另加冷肉或鸡蛋或油鱼一盆，于是九时则进加非或可可一杯，饼干一二枚，是皆可称之曰晚餐。一日之食料乃备。大食者惟以面包为进退，然据卫生家所说，吾人食物，但嫌太多，不嫌过少，则英人俭学生寓中之食饮，于养生之料，固已绰乎有余。①

可怪的是，说的是留法勤工俭学，列举的却为英国的情形。问题是，食宿既如此之好，那做工的收入是否足用呢？吴稚晖也有回答："今日所招之工，普通工值，除饭食住宿供应外，约为三十元。若自行作工者，至低之工值，每日可获五佛郎。普通可得七八佛郎。既达刮削锉磨之目的者，可得十许佛郎。即以六佛郎计算，每

① 吴敬恒《朏盦客座谈话》。

月作工二十四天，即为一百五十佛郎，除住宿饭食七十佛郎，亦赢八十佛郎，即抵三十元矣。七十佛郎之住宿饭食，必较工人住宿所为丰美，复为自由。”①也即是说，勤工的收入，用于食宿大大有余。诚如此，则留法勤工俭学及其饮食生活，自是颇为诱人。

可是，勤工俭学生传回来的信息，却与其说大有出入：“此间百物昂贵，牛肉每基罗格兰姆须十六法郎，照目下汇价合算（一元换六法郎）几须三元，鸡蛋每个七十生丁左右（百生为一法郎），每餐五六法郎，仅能吃一荤、一蔬、一水果而已，然合国币已须一元。棉纱袜须十四五法郎始可穿，然尚不如中国四角一双者好。此间勤工俭学生穷困之状，去年二三月间，即发现弟此次同船之俭学生，尚有百五十余人，来此入地狱。”更何况还有不少人找不到工作，而没有收入呢！虽然华法教育会接济每人每日五法郎，“然此五法郎一日，只能得干而且硬之粗面包一个，肚量小者，或得谋一饱，然尚无住宿之钱，于是强者流为盗贼，弱者转为乞丐”。更兼之华法教育会不久之后即发布不再接济，引发勤工俭学生的强烈抗议。②

其时，还有过得比他们更苦的王独清。他在里昂时，为了还债，在市外的一个私家花园找了个粗笨活计做，每天干繁重的体

① 吴敬恒《朏盦客座谈话》，1917年第3期。
② 张恒《旅法友人述勤工俭学近况（续）》，《南京高等师范日刊》1921年第472期。

力劳动却只留两法郎供生活之需，因此也只能煮一点盐开水就少量的面包，还一天只吃一顿！并由此伤害了身体。[①]他可是少年成名的作家，16岁即出任《秦镜日报》总编辑，曾留学于日本，回国后在上海办过报，后来从法国回国未几即受聘担任广州中山大学教授兼文科学长。后来他年仅42岁即英年早逝，或与早年艰苦的生活有一定的关系。

维持生计如此艰难，如果能够像在美国那样到中餐馆打工，特别是在法国仅有几家中餐馆的情形下，那将是一份难得的美差。鲁汉先生1922年间在获得了最负盛名的巴黎万花楼的厨杂工的职位时，就喜出望外："我问明工作情形：是在巴黎万花酒楼厨房当下手，住房吃饭归东家负担，每月给工资一百五十佛郎。那时，我做扎花工赚来几个钱，恰恰用完，适逢这个美缺，只有'住房吃饭归东家负担'这一优待条件，已够使我高兴了，何况每月还赏工资百五十佛郎，于是颠头簸脑，连声答应'去！去！去！'……不要预备行装，也不要择吉荣任，牛［当为故意改马为牛］上便附着那位来要工人的先生的骥尾而行。"他在万花楼当厨杂工，主要任务是照料下层厨房的散事，给那个法国大司务当下手：每天早晨起来先发四个煤炉的火，再削二三十斤马铃薯，洗几十斤蔬菜、二三百只碗碟、几百只叉勺，还要用橡皮

① 王独清《我在欧洲的生活》，辽宁教育出版社1998年版，第77页。

轮子把百余把刀磨得雪一般白，毫无斑点；除此之外，在外国厨师做菜时，要帮递盐送油，加汤换水，切肉宰鸡，放这样，拿那样，真是忙得两脚不点地，每天自上午九时起至晚十二时止，“足有十五小时的工作，终日在地窖电灯之下，从未见过天日”。[①]尽管如此，他还是因安稳而快乐，更重要的是，他的谨言慎行和勤勉工作赢得的经理的信任，以及几乎全部节存下来的工钱，使他可以请一个法文教员每个周日来店教授法语一小时（费用三法郎），并且可以利用楼上的客厅。[②]

可惜鲁汉经不起朋友的忽悠，不几个月即辞工出来另觅了一份在汽车工厂做车头零件的活，食宿用度就没那么宽松了，以至于以吃干粮代替吃饭馆：“工资每月可得五百余佛郎，我同他每日早晚同来同往，颇不寂寞。先一向午餐在法国饭店，每人每顿约需四五佛郎，觉得太贵，后来自己带面包干肉香肠之类，于休工时在厂外塞纳河边一个桥梁下用餐，计算两人每顿花不上三佛郎。”[③]

当然，他不久在吃的方面，又遇到了比在万花楼更幸运的事，就是房东太太待他们很大方：

① 鲁汉《我的留法勤工俭学生活的一段（八续）》。
② 鲁汉《我的留法勤工俭学生活的一段（九续）》。
③ 鲁汉《我的留法勤工俭学生活的一段（十五续）》，1929年第81期。

> 房东太太待我们很好，她开一爿咖啡店兼饭店，我们在她店里吃饭，一餐一开，她嫌累赘，叫我们几天总给一次，但每到结账时，问她的数目，她答应忘了未记下，叫我们随意给便了。以后她竟要我们自己计数，这样随便的掌握，在法国实在很少，可说她有点东方人的习气。[①]

说实在的，这种美事，是可遇而不可求的；更多的是苦学生，有的真是苦不堪言，苦到往事不堪回首。或许这也是文献所见饮食记录乏征的原因之一吧。

至于留法勤工俭学生中的未来共产党的领导，他们是一开始就做好了吃苦的准备，也确实吃了不少苦的。但其间也不乏殊遇，如在学校遇到了任校长、副校长的法国共产党员，又因为不怕吃苦选择偏僻的学校和工厂，竟有同学和工友的家长把他们这些中国穷学生待若上宾，视如己出。何长工就说，赴法之前，为筹集路费，他们曾提议先到南洋去做工，一天只吃一顿饭，剩下些钱，就做路费到法国去。毛泽东也赞成这个意见，只是因为后来听说那边的华工多半是“卖猪仔”去的，他们这样的人不会有人要才作罢。到了法国后，没钱用了，战后工作不易找，做法国人称为苦工的临时工也不挑拣。苦学生跟苦学生混在一块，他

① 鲁汉《我的留法勤工俭学生活的一段（十八续）》，1929年第86期。

便见着并记录了不少苦不堪言的场面，如前述吃半生不熟的土豆导致消化不良以致命丧异国他乡的事。他自己后来也正是因为在比利时齐布鲁格造船厂冬天天天吃土豆，以及工作条件差，空气不好，灰尘特别多等，终于把身体搞垮了，得了“结核性淋巴腺炎”。兼之比利时天气阴湿，不利于养病康复，在医生的劝告下，于1924年秋冬之间离开比利时回国。

当然，其间也有美遇足资纪念。比如他当初要求到没有中国学生的小城市去，以便跟法国人更多接触，方便学习法语，结果被分到了圣雪尔旺省的圣雪尔旺学校。这是一个教会学校，但校长却是个无神论者、共产党员，还有个专门负责党务工作的党员副校长。啧啧！对何长工来说，真是选对地方，堪称“找到组织”了。校长的妻子是学校中一个得力的行政管理员，对他非常照顾。晚上给他盖被子，把脏了的衣服拿去洗，破了的袜子拿去补，破了的鞋拿去修理，可谓无微不至：“走到她面前，她把我的衬衣领一翻：‘去洗澡！’不管脏不脏，天天都要去淋一下。在吃饭的时候，她把面包切好，夹上厚厚的黄油，送到我手里。还说：‘学习辛苦，营养得好。’”小地方，同学也好。有个法国同学叫圣保罗，每到周末就拉他到其家里去。他的妈妈还说：“你是外国人呀，想家吗？我这里就是你的家。”老太太弄了好多东西给他吃。她的一家全动起来了，小女儿烧煤气，儿子熬黑咖啡，大女儿去买菜。老太太不住声地说：“我家来了贵客了，亚洲来的！”这个善良的老太太真把他当儿子看待。每礼拜六都叫他到她家去团聚。“我一个礼拜不去，老太太就说是儿子得罪了我。因此每到礼拜六，我哪里也不去了。一到她家，老太太已经烧好茶等着我。”1923年，何长工离法赴比利时，先读了一阵书，尔后到齐布鲁格造船厂做工，也同样有工友待其如兄弟：“有一个铆工，跟我很要好，叫我到他家里吃饭；他的父母说：‘到我们家来住吧！我们房子空，人口简单。’另一个工友也争着叫我住他家，弄得我不知如何是好。”真是殊可纪念。[1]

另一个后来成为我党著名领导人的王若飞，1920年4月19日进入圣西门一家大型制铁炼钢厂（因缺煤一半的机器没开都有工人一万五千人）学制模，在饮食上也颇得厂方礼遇：“食堂离我们住屋约三百步，房极宽厂，可容千人会食。于这大食堂里面，又划出四分之一的地方，另栏为一间，布置特别整洁，有长桌十二张，每张可坐十人，桌布饭单刀叉俱有。我们就和几个法国人在这里面会餐，食品除面包外，有肉一盘，菜蔬一盘，点心一道，很是丰盛。早上吃咖啡，午晚两餐的菜，大概相同。”这待遇当然很不错，与其他外国工人的待遇相比较，更是的的确确称得上礼遇：“西班牙人黑人阿尔及尔人阿利伯人和少数法国人，所住的寄宿舍，都没有我们住的那间光明洁净。吃饭的地方，也

① 何长工《勤工俭学生活回忆》，分见第9、38—42、46、54、57、79—80页。

不摆什么刀叉饭单。桌子是锁在两条板凳的中间，到吃饭时，各人自带刀叉，木桶装汤，镔铁盛菜，还要自己亲到厨房去拿，看去真不及我们多了。”[1]

第四节　英伦饮食大学风

谈英国的中餐馆以及留学生的饮食生活，除了伦敦可不以留学生为主角来谈，在别处，则不仅要以留学生为中心，更应以大学为中心来谈，因为以牛津、剑桥为代表的大学饮食制度，乃是大学教育的重要组成部分，历来为人所津津乐道。又英国主要由英格兰、苏格兰和威尔士以及北爱尔兰组成，威尔士和北爱尔兰向少华人更少留学生，可以略而不述，而聚焦苏格兰首府爱丁堡，那真是别有足述。因此，本节谈英伦饮食的大学风范，即不妨先从爱丁堡说起。

一、爱丁堡的中国味道

爱丁堡有着成立于1583年的古老的爱丁堡大学，乃全球顶尖名校，被誉为苏格兰之王，先后培养出十九名诺贝尔奖获得者、三位英国首相，留学生中也产生了四位总统和两位总理，本杰

① 王若飞《圣西门勤工日记》，《少年世界》1920年11月第11期，分见第54、59页。

明·富兰克林就曾盛赞说："世界上没有任何一所大学可以和爱丁堡大学相提并论。"因此，很早就有中国留学生慕名而来，当然最早的非广东人黄宽莫属。黄宽是与容闳同时留学美国的中国最早的三位留学生之一，1850年夏他俩（其兄黄胜因病早早归国）中学毕业后，容闳入耶鲁深造，黄宽则径赴爱丁堡大学，经过五年艰苦学医，"卒以第三人毕业，为中国学生界增一荣誉，于一八五七年归国悬壶，营业颇发达。以黄宽之才之学，遂成为好望角以东最负盛名之良外科。继复寓粤，事业益盛，声誉益隆"。[①]当然黄宽留学之时绝无可能有中餐吃，不过其少年留学，饮食习惯上早已西化，也无须中餐。

清末民初，爱丁堡成为除伦敦以外吸引中国留学生最多的城市，虽然总数并不是很多。林汝耀等1908年编撰的《苏格兰游学指南》说："比数年来，邦人笃学之士，考察苏境学界，不亚于英伦。于是声气相求，公费私费诸生，来者赓续。爱丁堡（Edinburgh）前年中国学生不过三四人，今则增而为十有一人矣。格兰斯哥（Glasgow）前年中国学生仅一人，今则骤增而为十六人矣。"[②]格拉斯哥为苏格兰最大城市，也是英国第三大城市，关于当地的中国留学生及华人华侨饮食生活的文献鲜见，姑置不

① 容闳《西学东渐记》，岳麓书社1985年版，第57页。
② 林汝耀等《苏格兰游学指南》，岳麓书社1985年版，第605—606页。

论。到20世纪20年代末，爱丁堡的中国留学生增至40余人，其中华侨学生占三分之二，但这些华侨学生，并非来自中国大陆，而是来自马来西亚、新加坡等地，因此经济条件都相对较好，能够刺激中餐馆的产生。[①]庄泽宣就说："伦敦的饭店大半是广东人开的，照顾的多是南洋一带跨国籍的华侨。"[②]这些中餐馆，自然也就成了留学生聚会的不二之选。

海外的中国饭店，向来是留学生的聚会之所，英国更是如此："留英中国学生会，未有一所正式的会所。因此留英的同学除在各中国饭店内，很少有见面接谈的机会。"[③]为此，后来伦敦特地成立了学生招待所以应需求："（伦敦一月十六日路透电）伦敦中国学生新招待所设于弋威街，定明日开幕，此招待所，系拨用大学应得之拳乱赔款息金而造成，今日该所职员告路透访员，中国学生招待所之成立，乃在英华人各团体多年努力之结果。"[④]爱丁堡虽然没有留学生会所，但留学生组织却早已有之。前引林汝耀《苏格兰游学指南》说，这本小册子，即是他们留苏学生会所编，并留下了联系地址："留苏学生会本年书记寓所：爱丁堡：王兼善（总书记）（地址：略）；格兰斯哥：林汝耀（副书

① 明石《爱丁堡大学中国学生生活情况》，《留英学报》1929年第1期。
② 庄泽宣《游欧通讯》，第81页。
③ 谦谦《留英杂感》，《留英学报》1929年第4期。
④ 佚名《英伦成立中国学生招待所》，《中国出版月刊》1933年第5期。

记）。”1921年5月12日，蔡元培到访爱丁堡大学，先后做了两场演讲——其中一场就是中国留苏学生会组织的《在爱丁堡中国学生会及学术研究会欢迎会演说词》。蔡元培在这场演讲中说：“从前吾在德国时，就知道此地有学生会，似名苏学会，曾见过两次的会报，是用胶板印的。大约在清季，或民国初年间。”另一场是《在爱丁堡学术研究会晚餐会上的答词》。[①]

因为没有会所，爱丁堡大学旁边有一所正靠学校的中餐馆便成为留学生们的聚会之处：“每天总有中国学生去吃午饭，这到不分华侨与内地，不过华侨去的次数比较多。这饭店的生意极好。”[②]其实爱丁堡大学周边也就这么一家中餐馆，因此成为来访或前来留学者所必知。著名学者、天津外国语大学教授钟作猷当年就深有体会：“我去年八月十八日，只身由伦敦乘火车到爱丁堡时，已是黄昏时候了……幸而在伦敦时就听说此地有家中国饭馆，又问路走去，适逢馆主人请吃满月酒，遇见了好些未识面的中国同学。”[③]

这么重要的饭店，叫什么名字？大家都没有点明，仿佛独此一家，不用点明，最后还是储安平写明白了。他1936年6月以《中央日报》副刊记者身份随中国体育代表团赴柏林报道8月举行

① 蔡元培《蔡元培全集（第4卷）》，中华书局1984年版，分见第41、45页。
② 胡韵华《爱丁堡大学与学生》，《青年月刊》1937年第4卷第5期。
③ 钟作猷《爱丁堡的公寓生活》，《人间世》1935年第32期。

的第11届奥运会，随后入爱丁堡大学学习，次年春转伦敦大学学院自修，转年春上即归国。他在1936年9月20日爱丁堡的行程记录中写道："这儿有一家中国饭店，叫广东饭店。这儿中国学生有三十余人，一大半是华侨。这广东饭店的主客，就是这些华侨以及一部分印度学生和非洲黑人，英国人也不少。伦敦的中国饭店也是这样，外国人去吃的很多，他们都很爱吃中国饭。"可是，需求端因为人数少缺乏推动力，供给端因为饭店少缺乏竞争力，导致这家广东饭店"烧的味儿就远不及伦敦和柏林的中国饭食了，简直差得很远。今天晚饭就在中国饭店吃，有一只我从未吃过的菜，是鸡丁炒波罗蜜，不甜不咸，殊难下口"。①

需求量小的原因，还在于苏格兰人早晚在家吃、午饭才出去吃的饮食习惯，这使得广东饭店只有午饭的生意。"学生午饭总是在外面吃"，但供应学生的客饭是"一个先令六个便士与两个先令两种，菜单上的菜差不多都是杂会之类"，学生又往往点一先令六便士的便宜的那一种，因此，味道自然比储安平所尝的更次。留学生胡韵华说："说到菜，我真不知如何批评，无论如何总不是真正的中国菜，也许有点广东味儿，可是我尝不出来，因为在中国时我常吃广东菜，而味道又显然不同。不管怎样总归菜

① 储安平《欧行杂记》，第127页。

里有酱油，这就是中国菜的证明。”[①]

1924年赵元任、杨步伟初游欧洲在巴黎探访张奚若，张说：“前天到爱丁堡去结了婚才回来，你们若是早两点钟来，我们还没有回来呢。”[②]不知他的结婚酒，是不是摆在广东饭店呢？

二、爱丁堡留学生的寓舍饮食

爱丁堡的中餐馆乏善可陈，但相对厚道淳朴的苏格兰人提供给留学生们的公寓饮食，尤其是大名鼎鼎的爱丁堡大学的食堂伙食，都甚可观。

欧美的大学，一般都不设学生宿舍，得自觅公寓，安排膳食。明石《爱丁堡大学中国学生生活情况》认为爱丁堡的生活水平和伦敦大相仿佛，每礼拜膳宿费约在两镑至三镑之间。两三镑的花费能吃到什么东西呢？钟作猷提供了一个样本：早餐照例一杯红茶、一杯牛奶、一碟白糖、一片面包，还有一盘咸肉和鸡蛋——咸肉只是二指宽、中指长的一片，鸡蛋只有鸽蛋大小的一个，咸肉在下，鸡蛋在上，铺张起来，似有半盘。再凑上那片薄得不能再薄的面包。看起来实在难以填饱肚子。所以，这位钟同学幽了一默：“多喝两杯茶，而且千万要多坐少走，就可以勉强

① 胡韵华《爱丁堡大学与学生》。
② 杨步伟《杂记赵家》，第56页。

维持到中餐时候。”但是，中餐也不见得好，不过清水一杯，正菜一盘，外加面包牛油。而正菜，不是白薯，便是青豆，不是红萝卜，便是大白菜，间或也来点菠菜、葱蒜之类，旁边附上三指宽带骨的猪排一片，骨多肉少，绝无例外。英国人重晚餐，晚餐总应该吃好点，然而才不然呢！你想吃好点是一回事，房东肯不肯给好点又是一回事：“除了一盘类似中餐正菜之外，还先有一道菜汤可喝，汤里那样没有？没有专门烹调技术的我，连汤里的菜名还说不清呢！至于适不适口，那是中西口味不同，决不能归咎于房东；而且晚上还有一片面包，半杯牛奶送我上床。”不过钟先生也承认，价廉不能苛求物美：“这样一日四餐仅取三十五先令一礼拜，除非是叫房东当衣服首饰来款待，房客是不应该啰嗦的。”当然，中国人嘴刁，因为“同桌的两个美国人和两个英国人却吃得津津有味，仿佛是出席宴会似的”。[①]

不过女生就没有这么艰苦，因为爱丁堡大学还特设了女生宿舍，在1929年前后，有一个叫吉林韩的中国女留学生，就住在那儿，其实也只有她一人。[②]只可惜小吉没有留下文字，无由窥测女生宿舍生活。好在八年之后，有一个叫胡韵华的姑娘，记得颇为详细。早餐她没怎么记，因为早点时间不长，大家忙着去上

① 钟作猷《爱丁堡的公寓生活》。
② 明石《爱丁堡大学中国学生生活情况》。

课，有时起不来，根本就没吃。“午饭为了便利起见分两次，一次十二点三刻，一次一点二十分。不回来吃午饭，每次有九便士可得。”如此人性的安排，足见出苏格兰人的朴厚。不仅午饭如此，“下午吃茶也分两次，四点半，五点半。吃的东西只是面包，牛油，果酱，茶”。晚饭最具英国人严谨郑重的特色：“晚饭叫大餐，差不多的人都洗脸换衣服，整整齐齐。吃的东西也比较丰富。”明石说女生宿舍日子过得舒服，从胡韵华的记录看，那可真是：“闹到十一点钟，谈得倦了，肚子也有了要吃东西的需要，于是就到伙食房去烧咖啡或茶，别的东西房间内都有，像茶杯，匙，糖，牛奶，饼干，蛋糕，总之，什么也不缺乏，自然吃得极痛快。”不仅如此，“星期六与礼拜天特别有好的食物，连茶都讲究，像普通只有面包，牛奶，牛油，而这两天吃茶时还加了糕饼之类。因了这个，所以每个人房间内都很自然的备有饼干之类的食品，水果也是常有的”。[①]这真是贵族享受！

前引明石1929年的文章说前此爱丁堡大学只曾有一个中国女学生，显然不准确。早在1916年，后来成为武汉大学名教授的袁昌英就从上海自费留学英国，短暂读了一阵中学后，旋进爱丁堡大学学习英国文学，并于1921年毕业获硕士学位，成为第一位在英国获硕士学位的中国女生。可惜这一段生活没有留下多少记

① 胡韵华《爱丁堡大学女生宿舍生活》，《青年月刊》第4卷第6期。

录。1926年结婚并生了第一个孩子后，袁昌英再度留学法国，在巴黎大学研究了两年法国文学、欧美戏剧，则留下了“天天万花楼”的饮食轶事，已如前述。值得提起的是，在1925年至1929年间，还有一个著名的人物，美学大师朱光潜，也在爱丁堡大学留学，1929年毕业后转入伦敦大学，同时又在法国巴黎大学注册听讲；而早在1927年，他在暑假游览巴黎时，结识梁宗岱，同上万花楼，便开启了关于中餐馆生活的记载。[①]

三、牛津、剑桥的饮食风范

如果说爱丁堡大学住校女生的生活令人艳羡，那牛津、剑桥两所顶级名校则无论男女生的住校生活，均令人肃然起敬。从民国时期的报道看，英国绝大多数高校不提供住宿，只有牛津、剑桥不仅提供住宿，而且“凡为学生（除研究生外），必须住校。校舍虽不敷，轮流居住，至少留居所属之书院一年”，这是因为“寄宿校内，经教师熏陶，与同学切磋，于应对进退之间，学业品性，同受裨益，训练教化之功，为非住宿校外者所能得”。[②]

如果条件不具备，或者不完全具备，又想入住，还得反复央告，才有可能呢。郭子雄当年就是如此。据刘盛安的介绍及郭的

① 黄建华、赵守仁《梁宗岱》，第45页。
② 费福熊《牛津学校生活》，《生活》1931年第21期。

自述，郭氏生于1906年，卒于1947年。1929年上海光华大学毕业后，赴英国剑桥大学留学未果，遂游历欧陆，至1931年秋始入牛津大学，1935年毕业并获文学士学位。曾任中央政治学校教授、国际关系研究会研究员。他在牛津先学了一年政治经济学，然后回国，1932年再重返牛津，正式进入新学院（New College），成为该学院第一个中国留学生。他先谈到牛津的吃，那真是感觉"很威很享受"："每晚我去学院的饭厅里吃饭，披着一件黑衫，我感到一种殊荣。"作为读者，今日读来，都有一种诗书礼乐之慨。吃的席位尚容易获得，住可没那么容易，郭子雄是第二学年才入住的，还是经过了特别的请求，因为"如其一个学生的年龄在二十五岁以下，又是读的大学本科，学院方面一定要他在院里住宿两年，到第三年才能住到外面去。反之，一个学生的年龄在二十五岁以上，又是做的研究生，便不能住进学院里。总算学院当局对我看得起，特别通融，让我住进去"。但是住的条件可真是好："十月初旬我从瑞士回来，在学院里分得了一份住居的权利，一间小的卧室，一间大的读书室。"[1]

住尚如此，食则更佳："英国早餐本来是很丰富的，学院里的早餐尤其是丰富，茶，面包，牛油，果酱，牛乳，麦片，鸡蛋，咸肉，全是我所喜欢的东西。午餐很简单，一则因为早餐吃得多，

① 刘盛安《忆华五》，《论语》1947年第128期；郭子雄《我与牛津》，《宇宙风》1938年第63期。

再则下午四点半钟便要喝午茶，所以不能多吃。晚餐大都在学院饭厅里。”可惜郭子雄没有写到最为人称道且承传至今的晚餐的隆重的礼仪，不知何故，却写到了向无人提及的学生会餐厅的故事：“学生会的餐厅设立后，我更常去进午餐。最使我感到满足的事，便是学生会开放女禁的提议交付表决时，我投的是反对票，而结果持反对态度的人居然占了胜利。最后，餐厅开放女禁的问题发生，我仍投反对票，初时只许女同学早上来喝咖啡与下午来喝茶，稍后才许她们来吃饭。”①郭子雄还是学生会的干部呢。

剑桥的食宿条件也同样优越：“学生每人占室二间，一为寝室，一为书室，有校役执役。”②剑桥好些学院里头，每个学生还有一间小厨房。由于早午餐不甚讲究，可以在食堂吃，也可以在房间吃，有厨房的剑桥宿舍就方便很多：“在指定时间从膳堂送来一盘或二盘东西。每天早上另外有人送面包和牛乳来；牛油约每星期送来一次。自己可以在小厨房里头烧牛乳，煮鸡蛋等等。”③不过牛津几间宿舍合用的宾客室也不赖：“就在这宾客室里，学生们每天的四顿饭，倒有三顿饭在这儿吃。午餐真是太简单了，不过是一大片粗面包，一块干酪，一品脱啤酒，但是早餐是很丰富的，当我们一天最有精神谈话的时候，却正是吃饭的时

① 郭子雄《我与牛津》。

② 费福熊《牛津学校生活》。

③ 戴文宝《剑桥学生生活》，《文讯》1942年第2期。

间，壶已经在火上开了，屋里充满了茶和咖啡的香味，桌子上有肉，鱼，鸡子，火腿，烘好的面包，还有牛津著名的黑色又甜又苦的果子酱。”因其集体的氛围，甚至感觉还更好些：“当学生在运动场回来又冻又累，也许打伤了，就都跑在这儿，喝一碗沸腾的热茶吃些抹牛油的烤饼，大家一点也不客气，狼吞虎咽的吃那些带牛油和果酱的烘好的面包。然后大家都守着炉子取暖，当屋子里的空气寂寞沉静，那就是大家休息歇着的时候。”①

晚饭可重要了。剑桥大多数学院规定：“本科生于学期中每星期须到膳堂里头吃晚饭五次，研究生三次。厨房外搁着一本簿子，谁那天晚饭不想去吃，该天上午十时之前，就去签一个名字在簿子上头（Signed off），早几天签名也可以。假使不签而缺席，则那顿晚饭的钱得照出，而该星期另外还得出席五次。”牛津当然也有同样的规定，杨绛先生就回忆说：“牛津还有一项必须遵守的规矩。学生每周得在所属学院的食堂里吃四五次饭。”一方面“无非证明这学生住校”，另一方面则显示“吃饭比上课重要”。②

如果学生多，食堂不够用，就得分两次或三次吃饭。比如20世纪30年代剑桥三一学院有学生八百多人，所以得分三批吃饭。第一批学生6时就吃晚饭，第二批7时，第三批8时，教职员

① 伯根·埃文斯《牛津各大学的生活》，《人间世》1935年第40期。
② 杨绛《杨绛文集（散文卷·下）》，第179页。

则和第三批学生同时吃。吃饭既要如此讲究，食堂的设施自然也不同凡响。像剑桥各学院食堂的装饰虽大同小异，但窗户玻璃上要有彩色图案，壁上要挂着该学院历任院长和闻名的校友的画像。食堂之一端，地板稍为高一点，在上面的餐桌称之为“高桌”（High Table），为学院内教员聚餐之用；餐桌都是木头做的，完全不用桌布。高桌上的装饰很好，餐具也很讲究，桌上有洋烛和鲜花，椅子也很舒服。学生的餐桌和高桌一样，椅子则简单得多，只有一条长凳，没有靠背的东西。[①]牛津也差不多：“学校饭厅的墙壁，又庄严又美观，挂着许多过去伟人的肖像。”餐具则更讲究：“桌上银器皿和白桌布互相辉映。”[②]

在牛津和剑桥，等到正式入席就餐，那象征和教育意味也就臻于高潮：吃饭时必须穿着专门的制服，侍役也不例外。入席次第也很讲究：“饭钟一鸣，学生先进膳堂，随便选个地方坐下。堂中已经有几位穿大礼服的侍者站在那边。学生都进来之后，教员才从另外一个门鱼贯进来，领队的是院长，如院长不在，则由资格最老的教员领队。教员一进门，全体学生都站起来。跟着教员进来的是侍者的主管。教员朝着学生站着。站定后，主管用手敲一个挂在高桌旁边的锣，锣声响后，一位学生就上前来，站在

① 戴文宝《剑桥学生生活》。

② 伯根·埃文斯《牛津各大学的生活》。

高桌旁边读一篇拉丁文的祝谢文（Grace）。读完之后，大家才坐下来吃饭。祝谢文老用那一篇，几百年不变。拉丁文是剑桥和牛津两大学的官话，祝谢文由领取学院奖学金的学生轮流尽义务。若该晚应读祝谢文的学生忽然因事不能出席，则由教员中一人代读。”[①]在牛津，来访者也可参加进膳，不过应先向厨房说明得其允许，并将该笔饭钱算在受访学生的账上后才行；当然来访者不必穿制服。也许你认为这算繁文缛节，但在英国人看来，那可不算：“这种都是数百年传下来的习惯，陈旧相袭，别具风格。比较那个伦敦的依登贵属学校，十一二岁的贵属子弟都穿了大礼服上课吃饭，的确随便得多了。”[②]

至于具体的吃，按广东话说，颇有点有声势没实际的味道：“普通的饭都是一汤、一鱼、一肉菜、一甜点心，有时候鱼用别的东西代替。每星期吃鸡两次。学生每顿饭，差不多要付三先令。高桌上菜好一点，也做得好看一点，要喝酒也有酒喝。学生们也可以叫侍者送酒来喝，先记账，以后一起付钱。很少有人喝一杯以上的，所以不会有喝醉酒的事情。学生们饭都吃得很快，本科生于一刻钟之内已经出去过半了，研究生继之而出，教员总是最慢离开。”不过“教员在学院膳堂里头吃饭和喝酒都不要钱，

① 戴文宝《剑桥学生生活》。
② 仓圣《欧行杂记：（二十八）牛津学校生活琐谈》，1935年第36期。

为的是要鼓舞他们常到学院来吃晚饭。按，从前剑桥和牛津两大学和僧院一样，教员都不结婚。这种已经慢慢地消灭。现在没有家眷的，则仅偶然来之”。①

牛津还有一个特出的习惯——喝茶：“我请你，你请我，先生请学生，几乎每天有约会。在茶会里你可以遇见许多有趣的人，谈论到许多有趣的问题，时间亦不白费。抽烟斗也是教育的一部分，许多伟大的思想都是从烟气缭绕中产生。”②

牛津剑桥的这种饮食风范，今人依然可得见之。著名史学家熊月之教授1993年应邀访问牛津大学，对此深有感触，笔之于书：

> 英国讲究维护传统，牛津、剑桥更为突出。教师吃饭制度是很典型的一种。在这两所大学，凡是学院的教师、职员，都免费供膳，一日三餐，一年到头，放假也有饭吃，吃了不用记账，因为食堂卖饭的人都认识这些人。不去吃，也不退钱。这是几百年来的老传统。因为在中世纪时，学院里的人多是修士，是教会的人，不结婚，以院为家，吃住都由学院包下了。
>
> 学院吃饭时，特别是正餐，通常是晚饭，有一整套的礼仪。教师、学生虽然在同一餐厅就餐，但学生坐的是低台子，

---

① 戴文宝《剑桥学生生活》。

② 郭子雄《牛津大学的学生生活》，《独立评论》1935年第183期。

> 教师坐的是高台子。教师不到，学生不能先吃。通常，学生已经坐好，教师才姗姗来迟。身着教授服，一种黑颜色的像披风一样的袍子，袖管中间开一只洞，两只手伸出来，长长的袖子拖在下面，很有点像中国戏剧舞台上的长袖，怪里怪气的。教师就位以后，照例有一人，高悬铜铃，摇晃一阵，意思是要大家安静下来。然后有一人，手拿一本《圣经》，念上一段，一定是拉丁文的，这才开始吃饭。餐罢照例又有一人，念一段经文。教师在饭前，先在一个地方喝酒，为饭前酒。吃饭以后，再到一个地方喝酒，为饭后酒。如此这般，酒—饭—酒，至少得费两三个小时。这种礼仪，几百年来一直如此。我有幸作为客人在学院食堂进餐几次。有一回出于好奇，我带了照相机，准备拍下这奇异的一幕，后来被英国朋友劝止了，说是这样做，他们会觉得你很奇怪。[1]

学生与教授同席就餐，以聆教诲，以沐教风——不单牛津和剑桥有此传统，比较而言，向被视为法律贵族的摇篮的伦敦林肯律师学院，更为讲究。开留英先河的民国著名外交家伍廷芳，就读的正是该校，并成为中国近代第一个法学博士学位获得者。他

① 熊月之《牛津学术访问杂记》，《近代中国（第5辑）》，上海社会科学院出版社1995年版，第122—123页。

的内弟何启和儿子伍朝枢后来也留学于此，只是其子因为没有完成校方的进餐次数，未能获得大律师资格，因为学校规定，学生在学院必须住校攻读三年，并在学院餐厅吃完规定次数的晚餐，方可毕业。来这里出席晚餐的，可都是伦敦法律界的名流，通过就餐进行学术交流，尤其是获得书本之外的法律实务知识，殊为难得，也是校方的一番良苦用心。[①]

当然，英伦的这种大学饮食风范，不为伦敦独有。侯馥兴听他父亲侯仁之说起当年（1946—1949）在利物浦大学攻读博士学位时，由于“大学餐厅有传统，纪律严格，师生分开就座。学生们排队进入餐厅坐好后，舍监才领着穿黑袍的教授们进入餐厅，在前面高台‘High Table’就餐。全体起立祈祷后开始用餐”，而侯先生在国内已先后在燕京大学、天津工商学院任教多年，校方很客气地安排他到“High Table”，可是他自认在这里的身份是学生（虽然是个特殊的学生），要求回到普通餐台，还是经过反复请求才获准。[②]由此可见英伦大学饮食礼仪上师道尊严之讲求。

---

① 李书纬《少年行：1840—1911晚清留学生历史现场》，广东人民出版社2016年版，第155页。

② 侯馥兴《不曾远离的北平(上)》，《中华读书报》2017年3月1日。

后　记

这本小书的写作，算是有些渊源。2005年，我参与编撰了一本地方历史文化读物《广东九章》，受到如潮好评，连分管科教文化的副省长都在《南方日报》上公开说他置于案头时常翻阅，有关部门便组织了一场较高规格的研讨会。因为我负责该书的古代部分，在会上，知名出版人、也是原《南方周末》读书版创办人、南方日报出版社副社长谭庭浩先生问我："从这本书看，你对广东历史文献很熟悉很了解，其中应该有不少饮食文献吧，可否辑出成书？"可从两百余种文献中辑出相关饮食史料后，便想，这怎么出版呀？关键是读者较难接受这些文言材料。遂以文献为基础，在《南方都市报》开设了《岭南饕餮》专栏，尔后再结集成《岭南饕餮：广东饮膳九章》，由南方日报出版社出版。

在刊布《岭南饕餮》专栏时，由于自觉将范围控制在民国以前，但手头又收集了相当数量的民国岭南饮食文献，遂再在《南方都市报》开设了一个新的专栏《民国味道》，然后结集成《民国味道：岭南饮食的黄金时代》，同样由南方日报出版社出版。这个专栏有一个较突出的特点，即探讨了粤菜在岭南之外尤其是上海的发展情况，也涉及在海外的发展情况，这便成了《饮食西游记》的直接渊源。只是后来因为优先处理与饮食相伴的民国服饰文献，在《南方都市报》开设《民国衣冠》的专栏，并结集《民国衣裳：旧制度与新时尚》出版；旋因花城出版社之约，先期撰写出版了“地道广东丛书”之《广东味道》以及《岭南饮食随谈》。我也正好借此对岭南饮食文化历史源流从古代以迄当代做了一番虽然粗浅但相对全面的梳理，唯余海外发展的情形，尚不甚了了，本书的研究与写作，便自然提上了日程。

这本书原先也打算先在南方都市报以专栏形式刊布的，但因为不想像先前几个专栏那样边写边刊，刊完即结集出版，难免留下一些遗憾，而是想等写完初稿后，边修饰润色边刊布，以确保每篇质量的相对整齐。可是，稿未竟而纸媒所受冲击加剧，专栏版面裁撤，只好重新整合，先在《南方都市报》《大家》和《历史》栏目发表了一部分，后又在《书城》《上海书评》《同舟共进》以及《羊城晚报》发表了余下的部分，前后历时数年，超过了当年博士论文的研究写作与出版的时长，成为我已出各著中耗时最长的一本。如果够得上慢工出细活的话，则各位编辑老师的提点教导之恩不敢或忘。

胡文辉师兄常自谦说他自己是学问比作家好，文章比学者好，其实他的学问远不是一般的学者或者所谓的博士生导师所能比的，他的文章更不是一般的作家所能比的，在我则两者皆不敢比。我只不过是找了一个学问与文章的中间地带，以传统文史之法甚至做博士论文的方法，梳理院校学者们不太着力而社会上写作者们不擅着力的饮食文献，出以报章的专栏文章，十几年下来，居然形成一点自己的特色，也得多谢谭庭浩师兄的策划、指导与胡文辉师兄的勉励、帮助；本书的书名以及序言即皆为文辉兄所赐，真是幸何如之！当然更幸运的是三联·生活书店慨然接纳本书的出版，也是对我饮食文化研究与写作莫大的鞭策。

近些年来，学术文化的作品写了不少，纯学术的研究似乎落下了，在《自负一代文宗：刘基研究》之后，除了《汤显祖的岭南行：及其如何影响了〈牡丹亭〉》，以及行将出版的《季世行吟：元明季世作家研究》外，实在没有多少“存货”，更没有多少“新货”了。但是，我也渐渐感觉到，生活史角度切入的研究，或许是更接地气、更知人论世的一种研究。比如，我新近研究明代岭南大儒陈献章，翻阅《陈献章集》，只见满纸酒气，约略统计其写饮酒、醉酒甚至向往醉酒状态的诗歌，就有四百余首，这哪像一个配享孔庙的哲学大师呀！所以我便以《陈白沙的诗酒生活》为题加以探讨，真是别有意味。再则，我已出版的这些饮食和服饰文化作品，虽严谨周密有欠，但学术取向却是念兹在兹的。这些作品中，大部分材料都是新发掘的从未经引用的第一手文献，自有助于日后进一步的研究，也可谓有功于学林吧。有念及此，便觉可以自我宽假，读者诸君，也当有以谅我。

2018年12月